KB111518

불편을
편리로 바꾼

수와 측정의 역사

불편을 편리로 바꾼

수와 측정의 역사

우리가 수를 셀 수 있었다면?

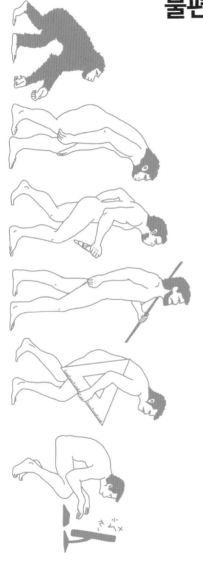

권윤정 지음

플루토

인류의 발자취를 보여 주는
수와 측정의 역사

저는 예전부터 다른 과목보다 풀이와 답이 확실한 수학을 좋아했어요. 그런데 수학을 공부하면 할수록 이 개념은 언제, 어떻게, 왜 만들어진 것일까, 이 개념은 어떤 개념과 연결될 수 있을까 하는 의문이 점점 늘어났어요.

그러다 더 근본적으로 제가 공부한 수학이 어떤 과정을 거쳐 현재의 모습이 되었는지가 궁금해졌습니다. 수학은 어떻게 처음 시작되었고, 어떤 목적으로 사용됐으며, 수학이 발전할 수 있었던 이유는 무엇이었을까. 이러한 궁금증을 해결해야 수학을 더욱 쉽게 이해할 수 있고, 왜 수학을 배워야 하는지 알 수 있을 것 같았거든요.

그래서 수학의 기원과 관련된 책을 읽기 시작했습니다. 수에 관한 내용을 읽는 동안 수가 생겨난 자세한 시대적 배경과 세월에 따른 변화 과정도 궁금해졌습니다. 수학에 관한 책을 읽다가 수학이 다양한 학문과 관련되어 있다는 것을 깨달은 순간부터 수학사, 세계사, 과학사, 철학, 인류사까지 두루두루 관심을 두고 살펴보게 되었고요. 그때 제가 깨달은 건 모든 지식은 한순간에 만들어진 것이 아니라, 인류가 더욱 나은 삶을 살기 위해 치열하게 고민해 가는 과정에서 나왔다는 겁니다.

무엇이든 궁금하면 찾아보고, 관련 지식을 확장하기 위해 더 많은 책과 자료를 찾아보는 습관이 결과물을 만들어 낸다고 생각합니다. 저는 수학의 기원이 궁금해서 이와 관련된 다양한 책을 보면서 여러 질문에 대한 답을 찾아 계속 정리했어요. 이렇게 정리한 내용을 수학에 관심 있는 사람들과 나누고 싶었습니다. 이 책이 그 결과물입니다.

《불편을 편리로 바꾼 수와 측정의 역사》는 수학의 역사에 관심 있는 초등학교 고학년부터 고등학생은 물론이고, 일반 성인과 선생님까지 재미있고 편하게 읽을 수 있도록 쓰려고 노력했습니다. 저처럼 수의 역사가 궁금한 사람들에게 한 권으로 일목요연하게 정리한 이 책이 도움이 될 거라고 생각합니다.

《불편을 편리로 바꾼 수와 측정의 역사》는 총 4개의 장으로 구성되어 있습니다. 인류가 탄생한 이후 수를 세고, 표기하고, 측정 단위를 만들어서 전 세계인이 공통으로 쓰기까지의 과정을 설명했어요. 이와 함께 수와 양에 대한 개념도 자세히 다루었고요.

1장은 인류의 타고난 비교 감각이 어떻게 수를 세는 능력으로까지 발전할 수 있었는지 다루었습니다. 초기 인류는 주로 채집과 사냥을 하며 변화무쌍한 지구의 기후와 환경에 적응했어요. 그 과정에서 크고 작은 것, 많고 적은 것, 높고 낮은 것 같은 비교 감각을 길렀습니다. 이는 양 감각의 바탕이 되었어요. 인간이 추상적 사고를 할 수 있게 되면서 양을 하나씩 기호로 나타내었고, 그것들을 이용하여 수를 세기 시작했죠. 수를 세는 것도 인류가 먹을거리를 구하거나 보존하고, 날짜를 계산하는 등 환경에 적응하려고 사용한 방법이었습니다.

2장은 인간이 수를 기록하려고 생각해 낸 수 표현의 원리와 여러 문명이 사용했던 다양한 수 표기 방법을 다루었습니다. 문명이 발달할수록 수를 세어야 하는 대상이 늘어나면서 사람들은 점차 큰 수를 어떻게 기억할지 고민하기 시작했습니다. 이를 해결하기 위해 수를 기록할 수 있는 아이디어를 떠올렸고, 문명마다 고유한 방법으로 수를 표기했어요. 드디어 인류가 본격적으로 수를 사용하기 시작한 거예요.

수를 표현하는 방법은 크게 두 가지로 만들어졌습니다. 먼저 큰 수를 효율적으로 세기 위한 묶음 단위인 기본수(기수 또는 밑수라고도 함)와 수 세기 방법인 진법을 만들었습니다. 인류가 사용한 대표적인 묶음 방법에는 2개, 5개, 10개, 12개, 20개, 60개의 기본수를 사용하는 2진법, 5진법, 10진법, 12진법, 20진법, 60진법이 있습니다. 이를 바탕으로 수를 기록하는 방법인 기수법을 결정했어요. 기수법에는 가법적 기수법, 승법적 기수법, 기호 기수법, 위치 기수법이 있습니다. 각 나라는 여러 진법과 기수법 가운데 적당한 방법을 선택해 자신들만의 방법으로 수를 기록했죠.

3장은 인류가 측정을 시작하면서 만든 측정 도구와 단위가 어떤 과정을 거쳐 현재와 같은 모습으로 발전했는지 다루었습니다. 인류는 계속 변화하는 자연환경에서 살아남기 위해 무엇 무엇보다 춥다, 덥다나 무엇 무엇보다 많다, 적다 같은 초보적인 양 감각을 발달시켰어요.

문명이 발달할수록 농사 기술도 발달하고 생활이 세분화되면서, 수확물을 걷거나 분배하고 물건을 교환하는 등 측정 활동을 하게 되었습니다. 이러한 측정 활동은 양 감각을 바탕으로 이루어졌어요. 인간은 원활하게 측정하려고 길이, 무게, 부피 등에 알맞은 측정 도구와 단위를 만들었습니다. 측정을 시작한 초기에는 사람의 몸과 주변에서 흔히 구할 수 있는 재료를 활용해 측정 단위를 정하고 도구를 만들었어요.

그러나 16세기 전까지는 나라와 지역마다 다른 측정 도구와 측정 단위 때문에 많은 문제점이 생겨났습니다. 사회가 발달할수록 다른 나라와의 교역은 활발해지는데, 각자 다른 기본 단위를 사용하다 보니 서로 어떤 단위를 어떻게 쓸지 합의하고, 적응하기까지 시간이 걸렸죠.

그런데 르네상스 운동이 일어난 이후 16세기부터 갈릴레이, 뉴턴 같은 과학자들이 활약하면서 과학에 대한 관점이 변하기 시작했습니다. 이전에는 지상에 존재하는 물질의 성분이나 성질을 밝혀서 세계를 파악하다가 르네상스 시기 이후부터 세상 모든 현상을 측정할 수 있다고 보고, 모든 자연의 법칙을 측정의 결과로 다루기 시작했거든요. 이때부터 사람들은 측정에 더욱 관심을 가지게 되었고, 나라든 지역이든 측정 도구와 단위를 통일해야겠다는 생각을 했습니다. 결정적으로 처음 산업혁명이 일어난 영국에서 만국박람회를 개최하면서 전 세계적으로 도량형을 통일하자는 의견이 모였습니다. 산업이 활발해지면서 생산하는 물건이 많아지고 이를 다른 나라로 수출하려면 크기, 무게, 부피 등이 일정해야 했으니까요.

도량형을 통일하기 위한 단위의 기준은 자연에서 찾으려고 했습니다. 자연에서 찾은 기준이야말로 어디에나 평등하게 적용할 수 있고, 전 세계 공통으로 사용할 수 있다고 생각했습니다. 이렇게 해서 지금 우리가 쓰는 미터법이 만들어졌고, 미터법은 자연의 질서에 기초한, 합리적이고 보편적이며 영원히 변하지 않는 기본 단위가 되었어요. 현재는 길이, 질량, 시간, 전류, 열역학 온도, 물질량, 광도를 미터법의 기본 단위로 사용하고 있습니다.

4장은 양이란 무엇이며, 어떤 대상을 세기 위한 수와 측정하기 위한 수에는 무엇이 있는지 다루었습니다. 1, 2장에서 설명한 수는 세기 위한 수이고, 3장에서 설명한 수는 측정하기 위한 수예요. 4장에서는 세기 위한 수와 측정하기 위한 수의 차이를 나누어서 설명했습니다. 세는 수와 측정하는 수를 합쳐 양이라고 합니다.

양에 대한 생각은 고대 그리스, 근대 초기, 현대를 거치며 조금씩 달라졌어요. 고대 그리스 시대에는 양을 수와 크기로 구분했습니다. 넓이 같은 크기를 수로 보지 않았기 때문이죠. 이러한 생각은 16~17세기까지 이어졌습니다. 그렇지만 르네상스 시기 이후 과학의 발달로 측정이 중요해지면서 사람들은 고대 그리스의 측정 방식이 불편하다고 느끼기 시작했어요. 16세기 네덜란드 수학자 시몬 스테빈은 이런 불편을 해결하기 위해 수와 크기를 양으로 통합하려고 했습니다. 또한 스테빈은 측정값을 자연수만으로 표현하기에는 한계가 있다고 생각해 0.1, 0.23처럼 1의 자리보다 작은 자릿값을 가진 소수를 도입했죠.

오늘날 우리가 다루는 양은 세거나 측정할 수 있는 대상의 특성으로, 그 값을 수와 단위로 표현해요. 6m, 3.2kg, $\frac{2}{5}$L는 단위를 보고 각각 길이, 질량, 부피를 측정했다는 사실을 알 수 있어요. 단위 앞에 있는 수는 그 단위의 몇 배를 가리키는지 나타내죠. 이때 측정할 수 있는 수는 자연수, 분수, 소수로 표현할 수 있습니다.

수와 측정 방법이 발달해 온 과정을 보면 철학자, 수학자, 과학자 등 수많은 학자의 노력도 있었지만, 그 뒤에는 자연환경의 변화, 한 시대를 뒤흔든 생각의 전환, 평범한 사람들의 지혜 그리고 다양한 사회적·문화적 요인도 큰 영향을 주었다는 사실을 알 수 있어요. 이 책을 읽으면서 수와 측정이 발달하는 과정에 어떤 요인과 배경이 작용했는지, 인류는 어떤 노력을 하고 시행착오를 거쳤는지 생각해 보기 바랍니다. 그리고 수와 측정 단위, 측정 도구가 나라, 지역, 직업마다 다르게 사용되면서 어떤 문제점이 생겼고, 이를 해결하기 위해 어떤 노력이 이루어졌으며, 이 일이 다른 분야에 어떤 영향을 주었는지도 함께 살펴보면 또 다른 궁금증이 생길지 모릅니다. 그러한 궁금증들이 뒤엉키고 발전해서 여러분만의 새로운 질문과 아이디어로 이어질 겁니다.

《불편을 편리로 바꾼 수와 측정의 역사》는 인류가 진화하고 문명을 발전시키면서 수와 측정을 체계적으로 만든 과정을 담고 있습니다. 수학을 어렵고 딱딱하기만 한 학문이 아니라 인류와 함께 발전해 온 삶의 발자취로 바라보면 좋겠습니다. 그래서 여러분에게 수학이 좀 더 즐겁고 흥미로운 분야가 되기를 바랍니다.

이 책이 나오기까지 관심을 갖고 꼼꼼하게 봐 준 박남주 대표님과 박지연 편집자님께 진심으로 감사드립니다.

11

수와 단위의 발전 과정

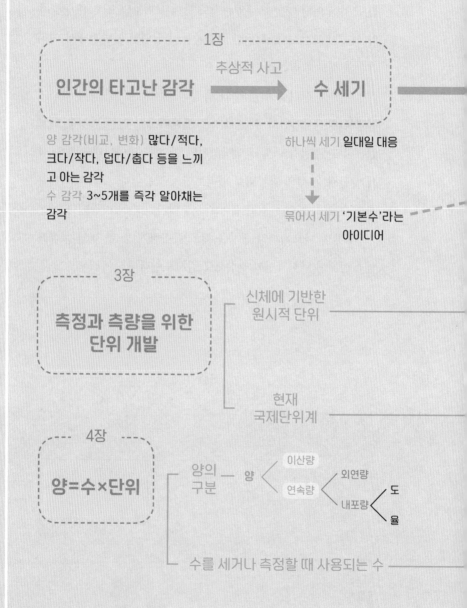

1장

인간의 타고난 감각 → 수 세기

추상적 사고

양 감각(비교, 변화) 많다/적다, 크다/작다, 덥다/춥다 등을 느끼고 아는 감각
수 감각 3~5개를 즉각 알아채는 감각

하나씩 세기 일대일 대응

묶어서 세기 '기본수'라는 아이디어

3장

측정과 측량을 위한 단위 개발

신체에 기반한 원시적 단위

현재 국제단위계

4장

양=수×단위

양의 구분 — 양 < 이산량 / 연속량 < 외연량 / 내포량 < 도 / 율

수를 세거나 측정할 때 사용되는 수

2장

수 기록

수를 표기하려고 사용한 방법

┌ 기본수(묶음 단위) **2진법, 5진법, 10진법, 12진법,
│   20진법, 60진법**
└ 기수법 **가법적 기수법, 승법적 기수법, 기호 기수법,
         위치 기수법**

┌ 측정 초기에 사용했던 단위 **길이는 손바닥을 펼쳤을 때 엄지손가락부
│   터 새끼손가락 사이의 간격, 부피는 양 손
│   바닥을 모아 가득 담을 수 있는 양**
│
└ 문명 이후 만들어진 단위 **큐빗, 스팬, 팜, 디지트, 피트, 인치, 야드,
                          척, 촌 등**

── 미터법 **길이ᵐ, 질량ᵏᵍ, 시간ˢ, 전류ᴬ, 열역학 온도ᴷ, 물질량ᵐᵒˡ, 광도ᶜᵈ**

┌ 세기 위한 수 **자연수(이산량)**

└ 측정하기 위한 수 **분수, 소수(연속량)**

1장

수의 탄생과 발전

수학은 수에서 시작됐고, 수는 원시적인 수 세기에서 출발했습니다.

우리 인류는 언제부터 수를 세기 시작했고 왜 수를 세었을까요? 먼저 지구 환경이 어떻게 변화했는지 살펴보면 좀 더 이해하기 쉽습니다. 인류는 지구 환경이 변화할 때마다 생존을 위해 변화한 환경에 맞춰 진화했거든요. 인류는 지구 환경에 적응하고 진화하는 과정에서 변화를 감지하고 비교할 수 있는 양 감각을 가지게 되었습니다. 그러다 추상적 사고를 할 수 있는 능력이 생기면서 가축의 수를 세거나 날짜를 표시하려고 눈금 형태의 단순한 기호를 사용하기 시작했어요. 수를 세는 경험이 쌓일수록 수 세기 방법도 자연스레 발전했죠.

이번 장에서는 인류의 진화 과정에 아주 커다란 영향을 준 지구 환경과 인류의 진화에 대해 살펴볼 거예요. 그 과정에서 생긴 양 감각이 어떻게 수 세기로 이어졌고, 수 세기 방법은 어떻게 발전했는지 알아보겠습니다.

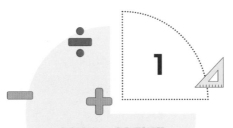

인류는 어떻게
양 감각을 가지게 되었을까

 ## 지구의 환경 변화와 인류의 진화

인류가 처음 탄생한 곳으로 알려진 아프리카로 상상의 여행을 떠나 볼까요?

지금으로부터 약 3000만 년 전에 북동아프리카 지하에서 뜨겁고 거대한 암석 덩어리인 맨틀 기둥이 솟아오르기 시작하면서, 약 800만 년 전 아프리카 사하라 사막 이남 지역의 중간에 큰 단층이 생겼습니다. 아프리카 대륙 지각판이 갈라져 터진 거예요. 이 단층으로 동아프리카와 서아프리카를 나누는 대지구대가 만들어졌습니다. 대지구대는 서아시아의 시리아 북부에서 동아프

아프리카 대지구대

리카의 모잠비크 동부에 걸쳐 아프리카 동쪽을 따라 발달한 대단
층 함몰 지대입니다. 깊은 골짜기로 이루어진 곳이죠. 길이는 대
략 7000km, 너비는 30~60km 정도 됩니다. 오래된 화석이 잘 보
존될 수 있는 지질학적 특성 때문에 많은 과학자가 이 대지구대에
관심을 가지고 있어요.

실제로 이곳은 고대 인류의 화석이 많이 발견되어 호미니드
hominid의 기원지이자 발달지로 알려져 있습니다. 침팬지와의 공통
조상에서 갈라진 뒤 호모 사피엔스가 나타날 때까지 인간의 조상
으로 다양한 종이 존재했는데, 호미니드는 사람과 관련된 모든 영

장류를 가리키는 말이에요. 현대 생물학자들은 인간과 침팬지의 조상이 같다고 보지만, 언젠가부터 인간의 조상이 두 발로 걷기 시작하면서 계보가 갈라졌다고 보고 있습니다. 대형 유인원과 인간의 관계에 대한 연구가 계속되고 지식이 깊어지면서, 영장류학자들은 호미니드에서 진화의 과정을 거쳐 특별히 두 발로 걷는 영장류를 따로 떼어 호미닌hominin이라고 불렀어요.

호미닌은 유인원에서 생겨난 최초의 돌연변이로, 계속해서 돌연변이를 낳았습니다. 인간의 진화 과정에서 생긴 중요한 유전적 변화는 모두 아프리카에서 반복적으로 일어났어요. 네 다리로 걷는 초기 유인원은 유럽이나 아시아에서도 살았지만, 두 다리로 직립 보행을 했던 호미닌은 아프리카에서만 살았거든요. 호미닌은 직립 보행을 하면서 두 손이 자유로워진 덕분에 도구를 사용할 수 있게 되었습니다.

최초의 호미닌은 아르디피테쿠스 라미두스예요. 땅 위에 사는 호미니드의 뿌리가 되는 종이라는 뜻입니다. 이 종은 450만 년 전쯤 에티오피아 아와시강 주변의 숲에서 살았고, 아르디Ardi라고도 부릅니다. 약 400만 년 전에는 오스트랄로피테쿠스가 나타났어요. 오스트랄로피테쿠스는 남쪽의 유인원이라는 뜻으로, 최초로 화석을 발견한 곳이 아프리카 남부라서 붙인 이름입니다. 오늘날

까지 잘 보존된 오스트랄로피테쿠스 화석 가운데 오스트랄로피테쿠스 아파렌시스가 있어요. 약 320만 년 전 아와시강 유역에 살았던 이 고인류 여성의 화석에는 루시^{Lucy}라는 이름이 붙었어요.

약 200만 년 전 오스트랄로피테쿠스속 호미니종이 멸종하고, 호모^{Homo}속이 나타났어요. 최초의 호모속 종은 손쓴 사람을 뜻하는 호모 하빌리스이고, 그 뒤를 이어 약 170만 년 전에 곧선 사람을 뜻하는 호모 에렉투스가 나타났습니다. 호모 에렉투스는 불 다루는 방법을 알았을 정도로 진화한 인류입니다. 이들 가운데 일부는 호미닌 최초로 아프리카를 떠나 지금의 사우디아라비아를 거쳐 이스라엘, 중동, 유럽, 아시아로 옮겨 갔고, 중동과 유럽에서는 빙하기 기후에 적응해 네안데르탈인으로 진화했어요. 아프리카에 남아 있던 호모 에렉투스 가운데 일부는 호모 사피엔스로 진화했습니다. 이렇게 아프리카 말고도 다른 지역으로 이주했다는 것은 호모속의 종이 다양한 기후에 적응할 수 있을 정도로 지능이 발달한 인류였다는 뜻입니다.

호모 사피엔스는 슬기 사람 또는 이성적 인간이라는 뜻입니다. 약 26만 년 전쯤 나타난 새로운 종이에요. 아시아, 유럽, 아프리카 대륙을 하나로 묶은 아프로·유라시아에 살았어요. 호모 사피엔스는 현생 인류와 비슷한 크기의 두뇌를 가졌으며, 언어와 도구를 사용하고 일상적으로 불을 사용할 만큼 진화했습니다.

역사학자들은 호모 사피엔스의 특징으로 집단 학습을 꼽습니다. 언어를 사용해 서로 지식을 공유하고 그 지식을 다음 세대에 전하는 능력이 생긴 것입니다. 호모 사피엔스는 집단 학습을 통해 계속 지식을 쌓았어요. 이들은 약 20만 년 전에서 10만 년 전 사이에 주로 아프리카 대륙 안에서만 이동하다가 약 9만 년 전부터 남극을 제외한 지구 전체로 뻗어 나갔습니다. 하지만 이때까지도 지구 인구의 99퍼센트 이상이 대지구대 안에서 벗어나지 못하다가 약 3만 년 전후로 인류는 지구 곳곳으로 이동했어요.

인류는 왜 진화 과정에서 아프리카를 떠나 지구 곳곳으로 이동했을까요? 당시 아프리카에서는 지진이 자주 일어나고 가뭄과 추위가 덮치면서 기후가 급격하게 달라졌고, 살기 어려워지자 더 좋은 곳을 찾아 이동한 것으로 보입니다.

인류가 탄생하기 이전부터 지구의 기후 환경이 어떻게 변해 왔는지 좀 더 알아볼까요?

약 3500만 년 전 남극 대륙에 땅이 모두 두꺼운 얼음으로 덮인 최초의 빙원이 나타났고, 약 2000만 년 전에는 다시 빙하기가 시작되었습니다. 침팬지와 호미닌의 공통 조상이 나타날 때쯤에는 지구의 기온이 약 섭씨 15도까지 내려갔다고 해요.

약 260만 년 전부터는 지구의 기온이 일정한 범위 안에서 유지되면서 빙하기와 간빙기가 반복되었어요. 간빙기는 빙하 시대에서도 빙하기와 빙하기 사이의 시기로, 비교적 기후가 따뜻했던 시기예요. 그런데 점점 빙하기가 길어지며 기온이 내려갔고, 이 시기부터 호모속의 모든 종이 진화했습니다. 지난 260만 년 동안 빙하기가 약 40~50번 정도 나타났어요. 그 가운데 약 100만 년 전부터는 10만 년마다 한 번씩 10번 정도의 빙하기가 있었는데, 이 시기 지구의 평균 기온은 섭씨 4~5도가량 차이로 올라갔다 내려갔다 하기를 반복했습니다. 마지막 빙하기는 약 11만 7000년 전부터 1만 년 전까지로 약 10만 년 동안 계속되었죠.

약 8만 년에서 1만 년 전까지는 티핑 포인트tipping point가 여러 차례 일어났습니다. 티핑 포인트란 작은 변화들이 어느 정도 기간을 두고 아주 미미하게 진행되다가, 어느 순간 예기치 못하게 큰일이 진행될 수 있는 단계나 시점을 말합니다. 티핑 포인트가 진행되었던 약 3만 5000년 전에서 3만 년 전 사이에는 지구 표면의 4분의 1 정도가 빙하로 덮였습니다. 특히 약 2만 5000년 전부터 2만 2000년 전까지 계속된 빙하기는 극에 달했어요. 두께가 최대 4km에 이르는 거대한 대륙 빙하가 북쪽에서부터 북유럽과 아메리카 대륙까지 덮었습니다.

　마지막 빙하기는 인류에게 아주 중요한 시기입니다. 대빙하 시대였던 약 9만 년 전에서 1만 7000년 전 사이에 인류는 지구 곳곳으로 뻗어 나갔을 뿐만 아니라, 그 과정에서 지식을 획득하고 사용하는 수준이 매우 높아졌거든요. 약 1만 5000년 전에서 1만 년 전 사이에는 온도 차이가 섭씨 5도 정도 되는 온난기후와 한랭기후가 2년마다 반복되었고, 그 뒤부터는 점차 기온이 올라가면서 얼음이 녹기 시작했어요.

　빙하였던 얼음이 녹으면 지구는 어떻게 될까요? 일부 육지가 물에 잠기거나 호수가 거대한 강으로 바뀌는 등 물로 채워지는 곳이 많아질 거예요. 빙하 시대에 아시아 대륙과 아메리카 대륙을 연결하는 잘록한 땅이 있었는데, 인류는 이곳을 통해 아메리카 대륙에 진출할 수 있었습니다. 빙하 시대가 끝나면서 아시아 대륙과 아메리카 대륙을 연결하는 땅은 바닷속에 잠겨 베링해협이 되었어요. 브리튼제도와 유럽 대륙을 연결했던 육교도 기온이 올라가면서 바다에 잠겨 영국해협이 되었고요. 약 1만 2000년 전부터는 나일강, 갠지스강, 황허강, 인더스강, 티그리스강, 유프라테스강 같은 거대한 강이 생겼어요. 이 시기부터는 기후가 급격하게 변화하면서 인간을 비롯한 지구의 모든 생명체가 적응해 살아남거나 적응하지 못한 생물은 아예 사라졌습니다.

1만 년 전 이후부터는 평균 기온이 이전 빙하기 때보다 섭씨 1도에서 2.5도 정도 높았어요. 기후가 따뜻해지면서 북아메리카, 북유럽과 스칸디나비아, 동부 시베리아 전체를 덮고 있던 빙하가 사라졌습니다. 북위 40도에서 20도까지의 유라시아 남부 지역은 매우 심한 건조 기후로 바뀌고, 서아시아와 북아프리카 지역은 사막과 초원으로 변했습니다. 아프리카와 남아메리카는 수풀이 사라지면서 열대 우림 지역이 되었고요.

28~29쪽 표는 지구의 기후 변화와 인류의 진화 과정, 인류가 농업을 하고 가축을 길들여 온 과정을 나타낸 것입니다. 표를 보면 인류가 어떻게 발전해 왔는지 이해하기 쉬울 거예요.

이렇게 인류는 오랜 기간 지구의 역동적인 환경에 적응하며 지구 곳곳으로 이동했습니다. 인류는 불을 다루고 도구를 사용하는 등 수준 높은 활동을 할 정도로 진화했어요. 특히 7만 년 전부터 3만 년 전 사이의 시기부터 인류가 아프리카에서 지구 각지로 퍼져 나가기 시작했습니다. 이 시기는 빙하기인 구석기 시대에 해당해요. 당시 인류는 짐승이 공격해 올 경우를 대비해 무리를 지어 생활하고, 수렵과 채집 활동으로 끼니를 해결했습니다. 먹을거리를 찾으려고 끊임없이 움직이고 사는 곳을 옮기며, 주로 동굴에

오스트랄로피테쿠스 출현
인간이 도구를 만들기 시작

약 800만 년 전   약 450만 년 전 약 400만 년 전   약 260만 년 전   약 170만 년 전

아프리카에서   대지구대에서   빙하기와   호모 에렉투스
대지구대가   직립 보행을 하는   간빙기 반복   출현-약 150만 년
만들어짐   아르디피테쿠스   전에 불을 다루는
                라미두스 출현   방법을 파악

약 20만 년 전   약 10만 년 전   약 9만 년 전   약 6만 년 전   약 5만 년 전

                호모 사피엔스가   호모 사피엔스가   호모 사피엔스가
                아프리카에서 벗어   본격적으로 지구   해안 길을 통해
                나려고 했지만 실패   곳곳으로 이동하기   호주에 도착
                                               시작

약 1만 1000년 전   약 1만 년 전   약 8000년 전   약 7000년 전

- 터키 남동부, 서부 이란, 에게   - 지구 인구는 500만   남아시아에서   - 올리브나무 재배
해 동부 지방에서 농업 시작   ~1500만 명으로 추정   닭 가축화   - 메소포타미아 지
- 팔레스타인에서 이라크에 이르   - 서아시아의 비옥한 초승   역에서 관개 시설
는 지역에서 밀을 재배하고   달 지대에서 곡식과 콩을   을 받아들이고,
염소를 가축화   번갈아 재배, 목축 시작   광범위한 식용종
- 강수량이 많은 중국 내륙   - 아시아와 유럽에서   을 길들여 재배
지역에서는 작은 조와 수수에   돼지를 가축화
의지하는 농업 사회 발달   - 가축 배설물 같은
- 중국과 남아시아, 중동과 북아   거름을 이용해 토지를
프리카 지역에서 양과 염소,   비옥하게 만들고 건조 지역
돼지와 소를 목축   에서는 관개 수로를 팜
-포도나무 재배 시작

약 100만 년 전　　약 80만 년 전　　약 40만 년 전　　약 30만 년 전　　약 26만 년 전

일부 인간종이　　몇몇 인간종이　　일상적으로 불을　　호모 사피엔스
가끔 불을 사용　　정기적으로　　사용-호모 에렉투　　출현
했을 것이라고　　대형 사냥감을　　스, 네안데르탈인,
추측　　사냥　　호모 사피엔스의
　　　　조상으로 추측

호모 사피엔스 사피엔스 출현

약 4만 년 전　　약 3만 년 전　　약 2만 2000년 전　　약 1만 4000년 전　　약 1만 1000년 전

지구 인구는 수 십만　　마지막　　기온이 올라가면서
명 정도로 추정,　　빙하기의　　얼음이 녹기 시작
인류의 99% 이상이　　절정
대지구대에서 살다가　　　　1만 3000년 전까지 호모
지구 곳곳으로 이동　　　　사피엔스가 아메리카 대륙
한 것으로 추측　　　　으로 건너간 것으로 추측

약 6000년 전　　약 5500년 전　　약 5000년 전　　　　　　약 3000년 전

말을 기르기　　- 안데스산맥에서　　　　멕시코에서 칠면조
시작　　야마 가축화　　　　가축화
　　- 지구 인구는 5000
　　만 명 정도로 추정

지구의 기후 변화와 인류의 진화 과정

서 생활했죠.

이 과정에서 인류의 사고방식과 의사소통 능력에 획기적인 변화가 일어났어요. 가장 큰 변화 가운데 하나가 추상적 사고를 할 수 있게 된 것입니다. 추상적 사고란 우리가 감각적으로 느낄 수 있는 구체적 대상이나 상황을 일반화해 기호, 그림, 언어 등으로 나타낼 수 있는 능력을 말합니다. 여기서 일반화는 개별적인 것이나 특수한 것에서 대표적인 특징만 골라 비슷하게 만드는 것을 뜻해요. 예를 들어 보죠.

원시인들이 사슴을 사냥하는 모습을 동굴 벽에 그리려고 합니다. 사슴을 사냥하던 순간의 모습은 다 달랐지만, 모든 상황을 세세하게 그릴 수는 없습니다. 결국 하나를 선택해 사슴이 도망가고 있고 인간들이 사슴을 쫓아가며 창을 던지기 직전의 모습을 그렸습니다. 그림을 그린 인간은 사냥하는 모습 가운데 가장 대표적이라고 생각한 모습을 그렸을 거예요. 이렇게 여러 생각이나 사물 가운데 비슷한 특징만 잡아 대표적인 것을 표현하는 방법이 일반화입니다. 인간이 다양한 생각과 사물을 그림이나 기호 등으로 일반화해서 표현하는 것은 추상적 사고를 할 수 있기 때문이에요.

실제로 사냥 당시의 모습이나 많은 동물을 일반화해 간단한 그림 형식으로 나타낸 동굴 벽화가 여러 곳에서 발견되었습니다. 인간이 추상적 사고를 한 흔적이죠. 동굴에서는 특정 문양이 새겨진 돌도 발견되었어요. 이 문양들은 어떤 상황이나 사물을 상징적이고 짜임새 있게 표기한 추상적 사고의 흔적입니다. 또한 약 3만 년 전 이후의 것으로 추정되는 어느 동물 뼈에는 인간이 수를 눈금으로 새긴 듯한 흔적이 발견되었어요. 이 눈금은 인간이 추상적 사고를 바탕으로 수 세기를 시작했다는 점에서 큰 의미가 있습니다.

인간은 이러한 추상적 사고가 가능해지면서 수를 세고, 셈한 결과를 상징적인 기호나 그림으로 표현했습니다. 처음엔 간단한 기호나 그림이었다가 나중에는 문자와 숫자로 바뀌었죠. 이렇게 해서 인간은 수를 기록하는 토대를 마련했습니다. 그렇다면 인간은 어떻게 수를 이해하고 사용할 수 있었을까요?

왜 변화를 느끼고 알아채는 능력이 중요할까

인류는 끊임없이 지구의 기후 변화와 지각 변동을 겪을 수밖에 없습니다. 요즘도 자연재해에는 대책 없이 당하는 경우가 많은데, 문명이 발달하기 전에 살았던 초기 인류는 지금과는 비교가

안 될 정도로 하루하루가 삶과 죽음을 넘나드는 생활의 연속이었을 겁니다. 조금이라도 기후 변화와 자연재해에 잘 대처하고 살아남기 위해 인류는 크다와 작다, 덥다와 춥다, 길다와 짧다, 높다와 낮다, 멀다와 가깝다, 빠르다와 느리다처럼 크기와 길이, 높이 등의 변화를 느끼고, 그 차이를 아는 비교 감각을 가지게 되었어요. 만약 평지를 걷다 낭떠러지 앞에 도달했을 때 높고 낮음을 파악하지 못하면, 그대로 걷다가 떨어져서 죽을지도 모르죠. 어느 날 기온이 갑자기 영하로 떨어졌는데도 불을 쬐거나 옷을 더 껴입지 않아도 문제가 생길 거고요. 이러한 단어는 인간이 무언가를 비교하는 행동에서 나왔으며, 양量과 관련 있습니다.

양이라고 하면 보통 부피나 무게에서 느끼는 크고 작음, 무겁고 가벼움, 많고 적음 등을 생각합니다. 그러나 일반적으로 양은 넓이, 부피, 무게를 비롯해 온도, 밀도, 길이, 면적, 시간, 속도, 힘, 농도 등을 모두 포함해요. 서울의 인구 밀도, 빛의 속도, 끓는 물의 온도, 대한민국에 사는 외국인의 비율 등도 양입니다.

인간은 변화를 감지하는 양에 대한 감각을 익히며 상황에 대처할 수 있도록 진화했습니다. 몇 가지 예를 들어 볼게요.

생존과 연결되는 감각으로 덥다와 춥다가 있습니다. 인간은 춥다고 느끼면 본능적으로 몸을 움츠리고 자신의 몸을 보호하려고 합니다. 그런데 움츠려도 너무 춥다면 어떻게 할까요? 먼저 옷을 껴입거나 담요가 있으면 몸을 덮으려고 할 거예요. 그래도 춥다면 더 적극적으로 난방 시설을 이용해서 주변 기온을 올리려고 할 겁니다. 이렇게 우리가 덥다와 춥다라는 정보를 뇌에서 감지하면 이에 대응하려고 본능적으로 반응하거나 적극적인 행동을 하게 됩니다. 이때 덥다와 춥다를 느끼는 비교 감각은 온도라는 양을 이해하기 위한 바탕이 됩니다.

생존과 연결되는 감각으로 또 무엇이 있을까요? 만약 여러분이 사냥감을 발견해서 쫓고 있는데 바로 앞에 낭떠러지가 있다면, 본능적으로 쫓는 것을 멈추거나 다른 방향으로 달려가겠죠. 낭떠러지를 발견한 뒤 곧바로 멈추는 행동은 높다와 낮다라는 변화를 느끼고 비교할 수 있으며, 어느 정도 이상의 높이에서 뛰어내리면 위험하다는 것을 안다는 뜻입니다. 이때 높다와 낮다를 느끼는 비교 감각은 높이라는 양을 이해하기 위한 바탕이 됩니다.

또한 초기 인류가 사냥을 할 때는 사냥감이 어느 정도 거리에 있어야 창을 던지기 적당한지 판단해야 했습니다. 물고기를 잡을 때는 물과 물고기의 속도를 생각한 뒤 작살을 물고기와 어느 정도 간격을 두어야 던져서 잡을 수 있을지 판단해야 했을 거고요. 사냥감이나 물고기가 멀리 있는지, 가까이 있는지를 느끼는 비교 감각은 거리라는 양을 이해하기 위한 바탕이 되고, 빠르다와 느리다를 느끼는 비교 감각은 속도라는 양을 이해하기 위한 바탕이 됩니다.

이렇게 변화를 느끼고 비교하는 감각을 바탕으로 양 감각이 생겨났습니다. 양 감각은 우리 일상생활에서 안전과 큰 연관이 있습니다. 우리가 도로를 건너려고 하는데 멀리서 차가 달려오고 있는 경우를 생각해 보세요. 도로를 건널지, 말지를 판단할 때는 먼저 차가 어느 정도 빠르기로 오고 있으며, 도로 폭이 어느 정도 되는지 직감적으로 파악합니다. 그 뒤에는 걸어서 건널지, 달려서 건널지, 차가 지나간 후에 건널지를 판단할 거예요.

요즘 우리나라 사람들은 주기적으로 짙어지는 미세먼지 농도로 공기의 질에 민감해지고, 건강에 관심을 가지게 되었습니다. 사람들은 미세먼지가 많다고 느끼면 마스크를 쓰거나 공기청정기를 틀어서 자신의 건강을 지키려고 합니다. 더 나아가 미세먼지 자체를 줄이기 위해 일회용품이나 플라스틱을 덜 쓰고, 자동차 대신 대중교통이나 자전거를 이용하는 노력도 할 수 있겠죠.

이처럼 변화를 느끼고 아는 양 감각은 안전뿐만 아니라 우리가 건강을 지키고 쾌적한 생활을 할 수 있도록 도와줍니다.

양 감각에서 수를 세고 측정하는 능력으로

수렵과 채집 생활을 했던 인류는 거리, 속도, 방향 같은 감각을 갖는 것이 아주 중요했습니다. 사냥감이 나와 어느 정도 거리에 있는지, 물속의 물고기가 어느 방향과 속력으로 움직이는지 같은 양 감각을 가져야 목표물을 잡을 수 있었기 때문이죠. 약 1만 년 전 따뜻하고 건조한 기후로 바뀐 뒤 농경과 목축 생활을 시작한 인류는 양 감각을 매우 빠르게 발전시켰어요. 야생 동물을 집에서 길들여 기르려고 수를 세면서 수의 특성을 이해하게 되었고, 수확물을 나누고 저장하려고 계산과 측정까지 생각해 냈습니다.

인류는 어떻게 수의 개념을 알고 발전시킬 수 있었을까요?

지구가 빙하기에서 간빙기로 변할 때쯤, 인류는 먹을거리를 구하려고 새, 짐승, 물고기를 잡는 수렵 활동을 하거나 열매나 뿌리를 채집할 곳을 찾기 위해 이동 생활을 했습니다. 끼니 때마다 먹을거리를 구하기 어려웠던 인류는 오랫동안 먹을거리를 보존하거나 구할 방법을 고민했을 거예요. 그러다가 염소, 양, 멧돼지 같은 야생 동물을 사로잡은 뒤 곁에 데리고 있다가 필요할 때 잡아먹으면 싱싱한 고기를 얻을 수 있겠다는 생각을 했습니다. 이것이 원시 목축업의 시작입니다. 인류는 기후가 온난한 지역에서 숲을

불태워 초원으로 만든 뒤 여기서 나는 풀들을 먹여서 야생 동물을 기르기 시작했어요. 처음에는 양, 염소, 돼지, 소 등을 초원에서 기르다가 뒤이어 다른 동물도 가축으로 길들였죠.

이런 배경을 떠올리며 여러분이 염소, 양을 기른다고 생각해 보세요. 처음에는 적은 수의 동물을 길렀을 겁니다. 이때까지는 개수의 변화를 느끼는 약간의 수 감각만 있어도 염소와 양이 모두 몇 마리인지 파악하는 데 문제가 없었죠. 그런데 인간이 가축을 기르는 요령을 익히면서 가축의 수가 늘어나고, 종류도 다양해졌 습니다. 이제 양 1000마리, 소 876마리, 토끼 391마리를 기르게 되 었지만, 관리하기 힘들어졌다면 어떤 생각을 했을까요? 사람들은 단순히 많고 적음을 알아차리는 것을 넘어 큰 수를 어떻게 셀지 고민하기 시작했을 거예요. 많은 가축 수를 일일이 어떻게 기억할 지도 고민했을 테고요.

인류는 큰 수를 세기 위해 처음엔 2개씩 묶어서 세거나 3개씩 묶어서 세는 것처럼 일정 수만큼 묶어서 세는 방법을 생각했습니 다. 하나씩 수를 세기도 하고, 묶어서 수를 세기도 하다 보니 낱개 와 묶음의 차이를 이해하게 되었죠. 낱개와 묶음을 이용해 수를 세는 과정에서 그다음엔 이것을 어떻게 기호로 나타낼지 고민했 습니다. 수없이 수 세기를 반복하고 수를 기호로 나타내 보면서,

시간이 지나 이를 바탕으로 숫자를 만들고 수 표기 방법까지 만들었습니다. 생활에서 마주치는 불편과 문제를 해결하려던 노력이 수 세기에 이어 수를 표기하고, 기록하는 방법으로 이어졌어요.

인류가 가축을 기르는 데 이어 농사를 짓기 시작하면서부터 수를 세는 문제 말고도 또 다른 문제가 생겼습니다. 누군가는 농작물이 풍부해졌고, 누군가는 가축을 많이 길렀고, 다른 누군가는 물고기를 많이 잡았죠. 그래서 쌀이 많은 사람은 고기나 물고기같이 자신에게 부족한 먹을거리와 교환했을 거예요. 고기나 물고기를 많이 가진 사람은 반대로 쌀과 교환했고요.

생활 방식이 세분화되고 물건의 종류가 다양해지면서 인류는 물물교환을 하기 위해 각자 가진 물건의 기준이 되는 양을 만들기 시작했습니다. 한 예로 두 사람이 밀 한 움큼과 쌀 한 움큼을 교환하려고 합니다. 한 사람의 손은 성인 남자 손보다 크고, 상대방의 손은 아이 손 정도의 크기라고 생각해 보세요. 이런 식의 교환을 여러 번 하게 된다면 상대방보다 손이 작은 사람 입장에서는 어떤 생각이 들까요?

또 내가 가진 소 한 마리와 다른 사람이 가진 물고기 한 마리를 교환한다면요? 소를 가진 사람은 물고기를 먹고 싶어서 처음에는 기쁜 마음으로 교환하겠지만, 같은 것을 여러 번 교환하다 보면 불

공평하다는 생각에 불만이 생길 수 있습니다. 서로가 가진 물건의 부피, 크기, 길이가 비교되니까요. '나는 이렇게 큰 걸 주는데, 저 사람은 저렇게 작은 걸 준단 말이야?' 이렇게 어떤 대상을 비교하는 과정에서 자연스럽게 많다, 적다, 같다, 크다, 작다라는 생각을 하게 되었고, 그 생각은 수를 세고 측정하는 것으로 이어졌어요.

생활 방식과 함께 생활 영역도 세분화되면서 사람들은 생계를 꾸려 가는 방법이 서로 달라졌습니다. 누군가는 가축을 기르고, 누군가는 농사를 짓고, 또 누군가는 옷을 만들었죠. 그러자 각자 사고팔 가죽 한 장, 고기 한 덩어리, 쌀 한 줌처럼 특징이 다른 물건을 분류하기 시작했습니다. 이런 물건을 교환하거나 거래할 때 각각의 양을 비교하다 보니 기준이 되는 양이 있으면 좋겠다는 생각도 했고요. 이러한 생각은 무게, 부피, 길이 등의 개념을 만들어 내는 것으로 이어졌습니다.

시간이 흘러 양에 대한 개념은 측정을 위한 새로운 단위를 만드는 것으로 발전했습니다. 측정은 일정한 양을 기준으로 하는 단위를 이용해 재거나 어림해서 양을 수치화하는 것을 말합니다. 오늘날 덥다와 춥다는 온도($℃$, $℉$ 등)로, 넓다와 좁다는 넓이(cm^2, m^2 등)으로, 크다와 작다는 부피(cm^3, m^3 등)로, 길다와 짧다는 길이 (cm, m 등)를 나타내는 단위로 측정합니다. 지금은 이율, 농도, 속도까지 측정하여 더욱 효율적으로 변화에 대처하고 있습니다.

결국 변화를 느끼고 비교한다는 것은 양 감각이 있다는 말입니다. 이 양 감각을 바탕으로 인류는 수를 세고 기록하는 방법을 만들게 되었죠. 또한 길이, 넓이 등을 측정하기 위해 단위를 만들고 발전시켰습니다. 측정은 농사를 짓고 목축을 하다 수를 세는 것만으로는 한계가 생기자 이를 해결하려고 시작되었습니다. 이를테면 자로 토지의 길이를 재거나 쌀이나 고기를 교환하기 위해 저울 같은 도구로 무게를 잴 때 기준이 되는 단위가 필요했죠. 측정은 수와 단위를 합쳐 양을 수치화하자는 생각으로 이어졌어요. 양을 수치화하면 인간이 맞닥뜨리는 다양한 상황에 효율적으로 대처할 수 있습니다. 머리에 열이 나는 것 같아 체온계로 측정했더니 섭씨 38도라고 한다면, 약을 먹거나 휴식을 취하는 등의 대처를 할 수 있는 것처럼요. 따라서 인간이 생존하고 일상생활을 유지할 수 있도록 양에 대한 개념을 잘 아는 것이 중요합니다.

2

추상적 사고와 수 세기는
언제부터 시작되었을까

추상적 사고를 하기 시작한 인류

인류의 정신과 행동은 호모 사피엔스가 출현한 이후인 약 20만 년을 전후로 하여 아프리카 여기저기에서 발달해 왔습니다. 특히 약 7만 년 전에서 3만 년 전 즈음부터 인류는 사고방식과 의사소통 방식이 이전과 달라졌어요. 이때부터 상징적이고 추상적인 사고를 할 수 있게 되었죠.

당시 인류는 뗀석기를 사용해 수렵과 채집 활동을 했습니다. 이 시대에는 주로 동굴에서 생활했으므로 인류의 진화한 사고의 흔적과 표현은 대부분 동굴에서 발견됩니다. 그 시대 동굴에서 발견된 상징적이고 추상적인 사고는 동굴 벽화, 돌에 새겨진 기하학 문양, 악기 등을 통해 파악할 수 있어요. 이 가운데 고고학자들은 동굴 벽화를 인간이 창의성을 발휘하고, 추상적 사고를 시작한 순간으로 보고 있습니다.

남아프리카공화국 블롬보스 동굴에서 발견된 돌

블롬보스 동굴은 남아프리카공화국 서던케이프의 석회암 절벽에 있습니다. 2011년 이곳에서 약 8만 년에서 7만 년 전 것으로 추정되는, 인류가 남긴 여러 가지 흔적이 발견되었어요. 그 가운데 황토로 가느다란 여러 선을 그린 작은 암석이 있습니다. 여러 학자가 이 문양을 당시 인간이 했던 추상적 사고의 증거로 여기고 있지만, 어떤 체계와 상징을 표현한 것인지는 확실하지 않습니다.

스페인 엘 카스티요 동굴에서 발견된 벽화

2012년 스페인 엘 카스티요 동굴 벽에서 약 4만 1000년 전 것으로 추정되는 붉은 점 모양의 그림이 발견되었습니다. 약 3만 8000년 전 것으로 추정되는 손 윤곽 그림도 발견되었죠. 손 윤곽 그림은 벽에 손바닥을 대고 입으로 물감을 뿜는 스텐실 기법으로 그렸어요. 학자들은 손 모양을 보고 수를 헤아렸다고 추측합니다.

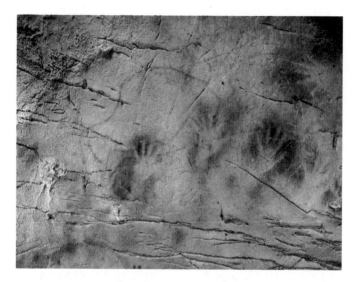

스페인 엘 카스티요 동굴 손 윤곽 그림

독일 홀레펠스 동굴에서 발견된 피리

2008년 독일 아흐 계곡의 홀레펠스 동굴에서 피리가 발견되었어요. 약 4만 년 전에서 3만 5000년 전 것으로 추정됩니다. 대형독수리 뼈로 만든 피리에는 5개의 구멍이 있고, 꽤 넓은 음역을 냈을 것으로 추측하고 있습니다.

추상적 사고가 가능해지면서 인류는 수를 세고, 셈한 수를 표현하려고 여러 방법을 생각했습니다. 가장 간단한 방법은 일대일 대응이라는 원리를 이용해 원하는 개수만큼 표기하는 거예요. 일대일 대응이란 각 물체(대상)에 대해 하나의 수 단어를 붙이는 원리를 말합니다. 이를테면 지우개의 개수를 셀 때, 지우개 하나마다 수 단어도 하나씩만 붙여야 해요. 매우 원시적이긴 하지만, 당시 인류가 일대일 대응 원리를 이용해 수를 세고 셈을 했다는 증거물이 발견되었어요. 바로 동물 뼈에 새겨진 눈금이나 모양의 흔적입니다.

약 3만 5000~3만 년 전 유물로 추정된 늑대 뼈

1937년 체코슬로바키아(오늘날 체코) 모라비아 지방에서 늑대의 정강이뼈가 발견되었어요. 이 뼈에는 57개의 눈금이 새겨져 있는데, 5개씩 11묶음과 2개의 눈금이 표시되어 있습니다. 눈금이 무엇을 의미하는지는 정확히 알 수 없습니다. 다만 선사 시대부터 하나씩 수를 세는 방법뿐만 아니라 일정한 개수로 묶어서 수를 세는 방법을 사용한 것으로 추측하고 있어요.

약 3만 7000~5000년 전 유물로 추정된 레봄보 뼈

레봄보 뼈에 새겨진 눈금은 많은 고고학자와 수학자들이 주장하는 최초의 수학적 기록이에요. 레봄보 뼈는 남아프리카공화국과 스와질란드 국경을 가로지르는 레봄보산맥의 동굴에서 발견된 개코원숭이의 종아리뼈입니다. 여기에는 29개의 눈금이 새겨져 있어요. 이 눈금은 삭망월 주기를 확인하기 위한 초기 달력으로 추측하고 있습니다. 삭망월 주기는 보름달이 된 때부터 다음 보름달이 될 때까지의 시간, 또는 초승달이 된 때부터 다음 초승달이 될 때까지의 시간으로 평균 29.53일 정도 됩니다.

약 2만 년 전 유물로 추정된 이상고 뼈

이상고 뼈는 1960년대에 벨기에 탐험가 장 드 하이젤린 드 브로쿠르가 아프리카 나일강 상류에 있는 콩고 비룽가 국립공원 안에 있는 이상고 지역에서 발견했어요. 개코원숭이의 종아리뼈로, 뼈의 길이는 약 10~14cm입니다.

뼈 겉부분을 보면 비교적 규칙적인 간격을 가진 수많은 눈금이 새겨져 있어요. 학자들은 이 눈금을 인류가 수를 헤아렸던 초기 흔적으로 보고 있습니다. 뼈의 가운데에는 차례로 3, 6, 4, 8, 10, 5, 5, 7의 눈금이 새겨져 있어요. 수학자들은 이 수에 주목했습니다. 수를 둘씩 끊으면 3과 6, 4와 8, 10과 5로 나뉩니다. 한 쌍의 수는 배수 관계에 있다는 걸 알 수 있죠. 이 시대 사람들이 2배, 2분의 1배 같은 수학적 개념를 이해하고 사용했다는 것을 짐작할 수 있어요.

더욱 놀라운 것은 다른 쪽에 새겨진 눈금입니다. 오른쪽과 왼쪽 수는 모두 홀수입니다. 오른쪽에는 11(=10+1), 21(=20+1), 19(=20-1), 9(=10-1)를 나타내는 눈금이 새겨져 있습니다. 왼쪽에는 눈금으로 11, 13, 17, 19가 새겨져 있는데, 이는 10과 20 사이의 모든 소수를 나타낸 것이기도 해요. 소수는 1과 그 수 자신 이외의 자연수로는 나눌 수 없는 수입니다. 그러나 이상고 뼈의 소수 표

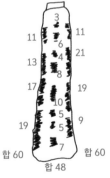

이상고 뼈에 새겨진 눈금

현은 우연일 가능성이 크다고 해요. 다만 오른쪽과 왼쪽 수의 합이 각각 60으로 같다는 것은 우연이 아니라고 추측하고 있습니다.

많은 학자가 이 뼈를 눈여겨보는 이유는 단순한 수 세기를 넘어 배수, 약수, 홀수, 소수같이 진화된 수학적 개념이 들어 있는 최초의 기록이기 때문입니다. 하지만 아직 뼈에 새겨진 눈금의 의미는 정확히 알지 못합니다.

이 밖에도 다른 지역에서 발견된 이 시기의 많은 기록, 즉 뼈나 돌에 새겨진 눈금의 개수가 28~30이라는 공통적인 특징이 있습니다. 공통적으로 나타나는 이 수의 의미는 무엇일까요? 학자들은 여성의 생리 주기나 달의 주기 같은 시간의 흐름을 기록한 수라고 추측하고 있습니다.

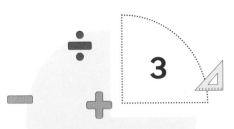

인류의 수 세기 방법은
어떻게 발전했을까

인류는 문자로 기록하기 훨씬 전부터 수를 세기 시작했고, 시간이 지남에 따라 인류가 진화했듯이 수 세기 방법도 점점 발전했습니다. 수를 제대로 세려면 많은 것을 알아야 합니다. 세어야 할 대상을 하나씩 배열하고, 일대일 대응을 할 수 있어야 하고, 수가 순서를 가진다는 것을 알아야 합니다. 마지막에 세는 수가 전체 개수라는 것을 이해해야 하고, 수 단어도 알아야 하죠. 이 모든 과정을 해내는 데 많은 시행착오와 연습이 필요했습니다. 지금부터 우리 인류가 어떻게 수 세기 방법을 발전시켰는지 살펴보겠습니다.

하나씩 짝짓는 일대일 대응

인류가 언제부터 수를 세기 시작했는지는 정확하게 알 수 없습니다. 문자 기록이 남아 있는 역사 시대 이전부터 시작되었으니까요. 다만 수 세기를 어떻게 시작했는지는 다양한 흔적과 유물 등을 통해 충분히 상상할 수 있습니다. 원시 시대 사람들은 가축의 수를 세거나 날짜를 알고 싶어서 수 세기를 시작했을 거예요. 처음에는 세로선, 점, 원 같은 단순한 기호를 반복적으로 표시하거나 돌멩이, 나뭇가지 등을 배열해 수를 셌습니다.

당시 사람들이 수를 세려면 어떤 활동이 필요했을까요? 먼저 수를 세고자 하는 대상을 하나씩 배열합니다. 그리고 각각의 대상

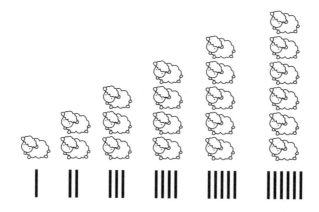

마다 수를 세려는 기호나 도구와 짝을 짓습니다. 이때 짝짓는 활동을 일대일 대응이라고 해요. 원시 시대의 동물 뼈에 새긴 눈금은 대표적인 일대일 대응의 흔적이에요.

각 수에 대응하는 단어 만들기

몇 사람이 사냥하러 갔습니다. 한 사람이 저 멀리 사슴 몇 마리가 풀을 뜯어먹고 있는 모습이 보인다고 말한 상황을 상상해 보세요. 다른 사람이 그 말을 듣고 사슴이 몇 마리인지 셉니다. 어떻게 셌을까요? 아마도 하나씩 수를 세는 과정에서 1마리, 2마리, 3마리, 4마리, 5마리에 해당하는 단어를 소리 내어 말했을 거예요. 수를 센 뒤엔 "여기 사슴이 5마리 있다"라고 외치며 전체 마릿수를 사람들에게 알렸겠죠.

그런데 누군가 셈한 수를 모두가 알려면 그 집단의 모든 사람이 함께 사용하는 단어가 필요했고, 마침내 각 수에 해당하는 단어가 생겼습니다. 수를 나타내는 단어는 수 세기하는 과정을 쉽게 만드는 수단입니다. 처음에는 웅얼거림 같은 단순한 소리로 시작했을 거예요. 그러다 점차 지금의 하나, 둘, 셋처럼 수를 나타내는 단어로 발전했습니다. 이 과정에서 세려고 하는 대상과 단어를 대응하여 순서대로 모두 말할 수 있게 되었습니다.

다음 그림을 보고 두 문제를 풀어 보세요.

첫째, 양은 모두 몇 마리인가요? 둘째, 가장 오른쪽에 있는 양은 왼쪽을 기준으로 했을 때 몇 번째에 있나요? 첫째 문제의 답은 5마리이고, 둘째 문제의 답은 5번째입니다.

두 문제의 차이를 알 수 있나요? 첫째 문제를 풀려면 하나씩 짝을 맞춰 가며 세면 됩니다. 1마리, 2마리, 3마리, 4마리, 5마리 이렇게요. 이때 전체 개수는 하나씩 세었을 때 마지막으로 센 수인 5마리가 됩니다. 개수를 셀 수 있다는 것은 마지막 수 단어가 전체 개수라는 것을 안다는 뜻입니다.

둘째 문제를 풀려면 양을 한 마리씩 죽 늘어놓고 하나, 둘, 셋 세어 봅니다. 그러면 차례대로 수를 셀 때 (1을 제외하고) 어떤 수의 앞에는 다른 수가 있고, 그다음에는 또 다른 수가 있다는 것을 알 수 있죠. 1보다 2가 크다, 1은 2보다 작다 그리고 몇 번째 수인지 그 순서와 크기를 알게 됩니다. 이렇게 수의 순서와 크기를 비교하는 능력은 덧셈과 뺄셈을 이해하는 기초가 됩니다.

수에서 가장 중요한 특징은 추상성입니다. 추상성은 손가락 5개, 돌멩이 5개, 염소 5마리, 바나나 5개, 어린이 5명과 같이 모두 다른 데도, 공통으로 가지고 있는 '5'라는 특성을 파악해 기호로 나타내는 거예요.

인간이 동물보다 지적으로 뛰어나다는 증거 가운데 하나가 추상적으로 셈할 수 있는 능력입니다. 동물은 2개에서 3개로 바뀐 것은 구분할 수 있지만, 바나나 3개와 잠자리 3마리에서 3이라는 공통점을 찾을 수는 없다고 해요. 반면 인간은 개수를 셀 때 1, 2, 3, ……에 맞는 단어를 만들었고, 그 단어를 모든 대상에 똑같이 적용했어요. 바나나 3개, 양 3마리, 사람 3명에서 종류는 다르지만, 3이라는 공통적인 특성을 알아냈죠. 추상적으로 셈하는 법을 배운 거예요.

인류가 처음부터 추상적으로 수를 세는 능력을 가지고 있었을까요? 인류가 수 세기를 시작한 초기에는 추상적으로 수를 세는 능력이 없었습니다. 그 흔적은 언어에서 찾아볼 수 있어요. 영어에서 한 쌍의 꿩은 브레이스brace, 한 쌍의 노새는 스팬span, 한 쌍의 소는 요크yoke로 셈했다고 해요. 모두 2마리를 가리키지만, 대상에 따라 다른 단어를 사용한 것으로 보아 처음에는 공통적인 수를 몰랐다고 추측할 수 있습니다. 마찬가지로 물고기 떼는 a school of fish, 소 떼는 a herd of cows, 양 떼는 a flock of sheep이라고 했어요. 여러 마리의 동물이 모인 하나의 그룹을 나타내는 단어가 모두 다르죠. 단어만 보더라도 각각 다른 대상의 공통적인 특성을 수로 추상화하는 데까지는 오랜 시간이 걸렸음을 알 수 있습니다.

체계적으로 세는 묶어서 세기

원시 시대 사람이 양 떼를 몰기 전에 전체 양이 몇 마리 있는지 확인하려고 합니다. 이때 인류는 전체 양을 손쉽게 관리할 수 있도록 작은 집합으로 묶어서 세는 방법을 사용했어요. 대표적으로 손을 이용하는 방법이 있습니다. 양 1마리당 왼손 손가락을 1개씩 대응시키고, 5마리가 되면 오른손 손가락 1개를 접어 전체 수를 파악하는 거죠.

양이 17마리라면 어떻게 손가락을 접어야 할까요? 5마리당 오른손 손가락 하나를 접어야 하므로 17마리는 5+5+5+2, 즉 오른손 손가락 3개를 접고 왼손 손가락 2개를 접어 전체 수를 세었습니다.

그러면 3명이 589개의 수를 셀 때는 어떻게 했을까요? 여러 방법이 있었겠지만, 첫 번째 사람은 1단위, 두 번째 사람은 10단위, 세 번째 사람은 100단위를 맡을 수 있습니다. 1단위를 맡은 사람이 10을 세었다면 두 번째 사람이 한 손가락을 접습니다. 두 번째 사람이 열 손가락을 다 접었다면 100을 뜻하므로 세 번째 사람이 손가락 1개를 접으면 됩니다. 이렇게 세다 보면 첫 번째 사람은 9개의 손가락을, 두 번째 사람은 8개의 손가락을, 세 번째 사람은 5개의 손가락을 접게 됩니다. 둘 다 일정 개수 이상의 수를 셀 때는 묶음을 이용해 센다는 공통점이 있습니다. 17은 5씩 묶어서 세고, 589는 10씩 묶어서 세는 방식이죠.

이렇게 우리 인류는 '하나씩' 세다가 세고자 하는 대상의 개수가 많아지면서 일정 개수로 '묶어서' 세는 체계적인 수 세기 방법을 발명했습니다.

다음 원의 개수를 세어 보세요. 모두 몇 개인가요?

원의 개수는 20개입니다. 여러분은 어떤 방법으로 전체 개수

를 세었나요? 1개씩 센 사람도 있을 것이고, 그림과 같이 전체를 2개씩 묶어 10묶음으로 세거나 4개씩 묶어 5묶음으로 센 사람도 있을 겁니다.

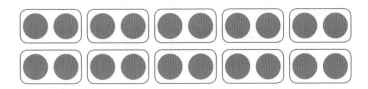

2×10=20

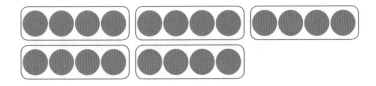

4×5=20

다음은 더 많은 양의 개수를 세어 보겠습니다.

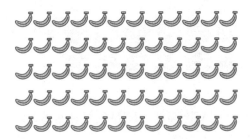

바나나 개수는 모두 60개입니다. 이 바나나는 어떻게 세어야 쉬울까요?

개수가 많은 경우에는 하나씩 세면 시간이 오래 걸리므로 하나씩 세는 것보다 묶어서 세는 방법이 더 효율적입니다. 묶음 단위는 60의 약수로 생각해 볼 수 있어요. 즉 2개, 3개, 4개, 5개, 6개, 10개, 12개, 15개, 20개, 30개로 묶어서 셀 수 있습니다. 56쪽 그림은 이 가운데 3개, 4개, 5개, 6개씩 묶어서 세는 방식입니다. 이런 방법으로 10개, 12개, 15개, 20개도 묶어서 셀 수 있습니다.

묶어서 세는 방법은 문명마다 달랐습니다. 신기하게도 대부분은 묶어서 셀 때 묶음 단위를 5개 이하로 나누어 셉니다. 왜 그럴까요? 인간이 어느 정도까지의 수는 즉각 셀 수 있는 수 감각을 가지고 있기 때문이에요. 인간을 비롯한 일부 동물은 약 3~5개 정도의 대상이 있으면, 수를 세지 않고도 한눈에 몇 개인지 알 수 있는 감각이 있습니다. 하지만 4~6개부터는 한눈에 수를 확인하기가 어렵습니다.

대부분은 다음 그림을 보자마자 개수가 4개라는 것을 알았을 겁니다.

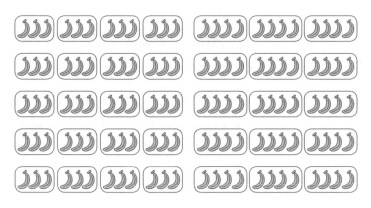

3×20=60   4×15=60

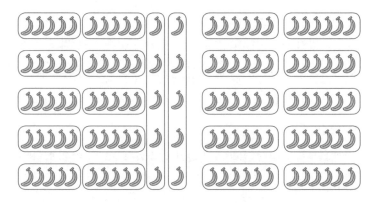

5×12=60   6×10=60

그럼 다음 사각형 개수는 어떤가요? 보자마자 개수를 알았나요?

사각형이 대략 9~12개라는 것을 추측할 수 있지만, 정확한 개수를 알고 싶다면 직접 세어 보아야 합니다. 이렇듯 인간의 눈은 정확한 측정 도구가 될 수 없으며, 약 4~6개만 넘어도 바로 개수를 파악하기 어렵습니다. 하지만 일정 개수를 즉각 셀 수 있는 수 감각은 수 세기로 확장될 수 있는 밑거름이 되었죠.

그런데 재미있는 사실은 동물도 인간이 가지고 있는 정도의 수 감각을 가지고 있다는 거예요. 동물도 한정된 범위 안에서 개수가 달라졌다는 것을 인식할 수 있다는 말입니다. 이와 관련해 여러 수학자가 논문과 책에서 근거로 든 까마귀 이야기가 있습니다.

옛날 한 귀족의 저택에 있는 탑에 까마귀가 둥지를 틀었습니다. 귀족은 이 까마귀 소리가 너무 시끄러워 까마귀를 잡아서 없애려고 결심했습니다. 그런데 하인이 까마귀를 잡으려고 근처에만 가면 까마귀는 약삭빠르게 날아갔습니다. 게다가 그 까마귀는 하인이 탑에서 나가는 것을 확인한 뒤에 둥지로 돌아왔습니다.

아무리 까마귀를 잡으려고 시도해도 계속 실패하자 귀족은 한 가지 방법을 떠올렸습니다. 하인 2명이 동시에 탑 안에 들어가고, 1명만 나오는 방법이었습니다. 1명이 나오면 까마귀는 사람이 나왔을 거라 착각해 돌아올 테니, 그때 탑 안에 남은 사람이 까마귀를 잡기로 했습니다. 하지만 까마귀는 예상과 다르게 탑에 남은 한 사람이 마저 나온 뒤에야 둥지로 돌아왔습니다.

귀족은 이번에는 3명이 들어가고 2명이 먼저 나오도록 했습니다. 이번에도 까마귀는 3명이 모두 탑에서 나온 뒤에야 둥지로 돌아왔습니다. 오기가 생긴 귀족은 4명이 들어갔다가 3명만 나오도록 했으나 이번에도 까마귀는 4명이 모두 나온 뒤에야 돌아왔습니다.

끝까지 가 보겠다는 마음으로 귀족은 5명에게 같은 일을 시켰습니다. 그런데 이번에는 4명이 나오자 까마귀가 둥지로 돌아왔고, 탑에 남은 한 사람이 까마귀를 잡을 수 있었습니다.

이 이야기에서 까마귀도 1부터 4까지의 개수를 구별할 수 있다는 사실을 알 수 있습니다. 약 5 미만의 수 감각은 사람과 동물이 비슷하죠. 물론 이러한 수 감각은 일부 조류와 곤충, 그리고 손가락셈을 할 수 있는 인간만 가지고 있다고 해요. 우리에게 친숙한 개나 말은 수 감각을 지녔다는 증거가 아직 발견되지 않았습니다.

초기 인류도 처음에는 다른 동물보다 나을 것 없는 수 감각을 가졌을 거예요. 그러나 인간은 동물과 다르게 수 감각을 바탕으로 하나씩 수를 세고, 한 번에 셀 수 있는 수를 묶음으로 대체해 큰 수를 세었습니다. 큰 수를 셀 때 묶어서 세는 방법은 다음 장에 나오는 기본수를 발명한 아이디어가 되었어요. 초기 인류의 수에 관한 기초적인 아이디어는 지금 우리가 쓰고 있는 기술을 발명하고 발전시킨, 소중한 밑거름이 되었습니다.

수를 세기 위해 사용한 도구

인류는 수를 셀 때 다양한 도구를 활용했어요. 주로 자연에서 얻은 동물 뼈, 나무, 돌, 구슬, 조개껍질, 상아, 코코넛 열매 등이 있었습니다. 뼈, 돌, 나무에 눈금을 새기거나, 조약돌이나 막대기를 배열하거나, 끈에 매듭을 묶어 세는 방법을 사용했어요. 또한 자신의 몸 부위에 하나씩 수를 대응시켜 세기도 했습니다.

수 세기를 할 때 도구를 이용했다는 근거는 언어에서도 찾을 수 있습니다. 영어 탤리tally는 셈 또는 기록하다, 계산하다라는 뜻을 가지고 있어요. 이 단어는 나무에 눈금을 새기다라는 뜻을 가진 탈레아talea에서 나왔습니다. 캘큘러스calculus는 셈법(수를 헤아리는 방법) 또는 셈하다라는 뜻으로 작은 돌, 조약돌을 뜻하는 라틴어 칼쿨루스calculus에서 나왔고요. 두 단어만 보더라도 옛날 사람들이 수 세기를 할 때 눈금을 새길 수 있는 도구나 자갈 더미 등을 사용했다는 사실을 알 수 있습니다.

그런데 돌멩이나 나뭇가지를 모아서 하는 수 세기와 수 표현은 한계가 있었어요. 재료 자체가 흔해서 주변에 있는 다른 사물과 구별하기가 어려웠을 뿐만 아니라 수를 오랫동안 기록하기도

수를 세기 위한 매듭법

어려웠거든요. 뼈에 눈금을 새기는 방법은 새길 수 있는 넓이가 정해져 있어 많은 수를 세는 데 걸림돌이 되었어요. 수 세기를 할 때마다 뼈를 가지고 다니기도 불편했고요. 사람들은 이러한 단점을 보완하려고 자신의 몸을 이용하는 방법을 생각해 냈습니다. 하지만 몸의 부위에 수를 대응하는 방법도 한정된 수만 셀 수 있다는 한계가 있었습니다.

인류는 점점 범위가 큰 수를 이해하고 익히는 방법을 터득했지만 새로운 문제에 부딪혔어요. 표현하기 힘든 큰 수를 어떻게 세고 기억할 수 있을까 하는 문제입니다. 농사를 짓고 가축을 기르기 시작하면서 세야 하는 대상이 많아지고, 대상마다 세야 하는 개수도 점점 커져 갔거든요. 기존에 수를 셀 때 활용했던 도구들로는 어려움이 있었죠. 많은 수를 세었다고 하더라도 모든 것을 기억할 수도 없었을 거예요. 인류는 이 문제를 해결하려고 많은 고민 끝에 수를 센 뒤 기록으로 남기자고 생각했습니다.

1. 초기 인류는 생존을 위해 많다/적다, 크다/작다, 춥다/덥다 같은 비교 감각을 길렀다. 보기와 같이 여러분이 무언가를 비교했던 경험을 떠올려 보고, 무엇을 비교한 건지 적어 보자. 그리고 이 경험이 어떤 의미가 있는지도 생각해 보자.

〈보기〉

> ● 우리 집 강아지와 옆집 강아지를 한 번씩 안아 보았더니, 우리 집 강아지가 더 무거웠다. 이것은 강아지의 무게를 비교한 것이다.
>
> ● 친구와 키를 비교해 보았더니 내 키가 더 컸다. 이것은 사람의 키에 해당하는 길이를 비교한 것이다.

2. 인류는 추상적 사고가 가능해지면서 수를 세고, 원하는 개수만큼 표기하기 위해 여러 방법을 고민했다. 다음 물음에 답해 보자.

1) 약 3만 년 전후로 인류가 남긴 수 세기와 관련된 유적에는 무엇이 있으며, 수 세기와 관련이 있다고 추측한 이유는 무엇인지 적어 보자.

_____

_____

_____

_____

2) 일상생활에서 일대일 대응을 이용한 수 세기의 예를 찾아보자.

_____

_____

_____

3. 다음 표의 빈칸을 채워 보자.

인류가 수를 세기 위해 사용했던 도구에는 무엇이 있을까?	
인류가 수를 세기 위해 사용했던 방법에는 무엇이 있을까?	
수 세기의 한계는 무엇 이었을까?	
나라면 수 세기의 한계를 극복하기 위해 어떤 아이디어를 냈을까?	

⇨해설은 책 뒤에 있습니다.

수를 표기하고 기록하다

1장에서는 인류가 계속 변화하는 지구 환경에서 살아남기 위해 진화한 과정을 살펴보았습니다. 지구 환경에 적응하는 과정에서 인류는 비교 감각을 가지게 되었고, 이것은 양 감각으로 발전했습니다. 그러다가 추상적 사고를 할 수 있는 능력이 생기면서 가축의 수를 세거나 날짜를 표시하려고 눈금 형태의 기호를 사용하기 시작했죠. 문명이 발달하고부터는 세어야 하는 대상의 종류와 개수가 많아지자 큰 수를 어떻게 효율적으로 셀지 생각했고요.

사회가 발달하고 경제활동이 활발해지면서 사람들은 자신의 재산을 지키려고 다른 사람과 물물교환을 한 내역과 가지고 있는 재산을 기록하기 시작했습니다. 그 과정에서 인류는 몇 단계에 걸쳐 고민과 결정을 거듭해 수를 표기하는 체계적인 방법을 만들었어요. 1장에서 인류는 큰 수를 효율적으로 세기 위해 기본 단위의 묶음 수를 정했다고 설명했습니다. 그리고 낱개부터 묶음 수까지 그 수에 대응하는 단어와 기호를 결정했죠.

어떤 큰 수를 10씩 묶어 묶음 단위 수로 표현하려면 일단 10개의 단어와 기호가 필요합니다. 대표적으로 인도-아라비아 수에서 사용하는 10개의 기호는 0, 1, 2, 3, 4, 5, 6, 7, 8, 9예요. 0에 해당하는 단어는 영이고, 1에 해당하는 단어는 하나, 일, 첫째가 있어요. 2는 둘, 이, 둘째라고 하죠. 이런 식으로 9까지 각 수를 가리키는 단어가 있습니다.

묶음 단위 수에 해당하는 단어를 만든 뒤에는 묶음 단위 수보다 더 큰 수를 어떤 방식으로 표기하고 말할지 결정했습니다. 인도-아라비아 수는 1, 10, 100, ……과 같이 10배마다 새로운 자리로 옮겨 가며 수를 나타내요. 물론 이러한 과정은 구성원들끼리 협의해 결정했습니다.

이번 장에서는 인류가 묶음을 이용한 기본수로 어떻게 진법을 만들었고, 어떻게 활용했는지 예시와 함께 살펴볼 거예요. 또한 수를 표현하는 방법인 네 가지 기수법과 예시, 고대 시대에 나라마다 달랐던 수 표기 방법도 자세히 알아보겠습니다.

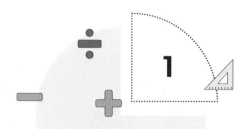

기본수에는 무엇이 있을까

원시 시대 인간은 추상적 사고를 할 수 있게 되면서 하나씩 수를 세고 눈금 같은 형태의 기호로 나타냈어요. 이 방법으로 많은 수를 표시하려면 많은 눈금을 표시할 수 있을 만큼 충분히 여백이 있는 도구가 필요했을 거예요. 게다가 시간도 오래 걸렸겠지요.

자연스럽게 인간은 어떻게 하면 효율적으로 큰 수를 세고 기호로 표기할 수 있을까 하는 생각을 하게 됩니다. 수를 알지 못하는 원시인이 59마리의 양떼를 세어야 한다고 가정해 볼까요. 원시인은 많은 수의 양떼를 어떻게 하면 효율적으로 셀 수 있을지 고민했습니다. 이들이 생각한 방법 가운데 다음과 같은 방법이 있을 겁니다. 주변에 있는 작은 자갈돌과 큰 돌을 몇 개 주운 다음, 1단위는 작은 자갈돌, 10단위는 큰 돌을 사용해 셉니다. 이렇게 1씩, 10씩 자릿수를 나타내는 방식을 사용하면 점점 큰 수를 셀 수 있을 뿐만 아니라 적은 수의 기호로도 수를 표기할 수 있어요.

이렇게 큰 수를 자유롭게 세고 표기하기 위해 인류는 묶음을 이용한 기본수를 활용하기로 했습니다. 기본수base란 수를 묶어서 셀 때 묶음의 단위로, 큰 수를 세고 표기하기 위해 생각해 낸 것입니다. 사과 10개를 셀 때 2개씩 묶어서 센다면 기본수는 2입니다.

기본수는 진법에 활용됩니다. 그럼 진법이란 무엇일까요? 진법은 일정 개수의 묶음으로 수를 세거나, 일정 개수의 숫자를 이용하여 수를 표기할 때 사용하는 방법이에요. 현재 전 세계적으로 사용하고 있는 인도-아라비아 수 체계는 기본수가 10인 10진법이 사용됩니다. 이때 사용되는 숫자는 0, 1, 2, ……, 9입니다.

10진법 말고도 인류가 사용한 대표적인 셈법으로는 2진법, 5진법, 12진법, 20진법, 60진법 등이 있습니다.

인류가 사용한 여러 가지 진법

2진법

2진법은 기본수가 2인 셈법입니다. 숫자 2개로 모든 자연수를 표기할 수 있고, 2개를 다 세면 자릿수가 바뀌는 셈법이죠. 만약 기본수의 숫자가 0, 1이라면 0, 1로 모든 자연수를 표기하고 셀 수 있어요. 2진법은 인류가 최초로 사용한 기수법이라고 추측하지만, 언제부터 사용되었는지 확실하게 알 수 없습니다.

2진법은 세계의 일부 원주민을 통해 어떻게 사용하는지 확인할 수 있습니다. 호주 퀸즐랜드의 원주민은 하나를 원one, 둘을 투two, 둘 하나를 투 앤드 원two and one, 많이나 다수는 투 투즈two twos로 센다고 해요. 3은 둘과 하나를 더한 값을 뜻하고, 마지막 수 투 투즈는 4 이상의 모든 수를 포함한다는 뜻을 가지고 있죠.

호주 빅토리아주 위메라의 어느 부족도 1을 케야프keyap, 2를 폴리트pollit, 3을 폴리트 케야프pollit keyap, 4를 폴리트 폴리트pollit pollit라고 해요. 호주의 구물갈족은 1을 우라폰urapon, 2를 우카사르ukasar, 3을 우라폰-우카사르urapon-ukasar, 4를 우카사르-우카사르ukasar-ukasar, 5를 우카사르-우카사르-우라폰ukasar-ukasar-urapon 등으로 센다고 합니다. 세 부족 모두 1, 2가 반복되는 2진법을 기본으로 한 수 세기를 하고 있습니다.

아마존의 자라와라족은 1을 오하리^{ohari}, 2는 파마^{fama}, 3은 파마 오하리메이크^{fama oharimake}, 4는 파마파마^{famafama}, 5를 (예헤) yehe 카하리^{kahari}, 7을 (예헤) 카하리 파마메이크^{kahari famamake}, 9를 (예헤) 카하리 파마파마메이크^{kahari famafamake}, 10을 (예헤) 카파마 kafama, 11을 (예헤) 카파마 오하리^{kafama ohari}, 20을 (예헤) 카파마 카파마^{kafama kafama}로 센다고 합니다. 4인 파마파마는 2가 2개라는 뜻이고, 10인 (예헤) 카파마는 5가 2개라는 뜻이에요. 여기서 5를 셀 때부터 쓰이는 (예헤)는 손을 뜻하는 단어로, 다른 수처럼 분명한 의미가 없습니다. 다만 자라와라족 사람들이 5라는 것을 구분하는 데 영향을 주는 단어예요. 따라서 자라와라족의 수 체계도 2진법이 기본입니다.

오늘날 2진법은 컴퓨터, 정보 통신 기술, 암호 등에 활용되고 있습니다. 컴퓨터에는 데이터를 표현하는 기호 체계인 디지털 코드로 2진법이 사용됩니다. 컴퓨터는 의미를 구분할 수 있는 최소 단위가 on과 off예요. 이때 off는 0, on은 1로 입력되어 0과 1로 이루어진 2진법이 사용되죠. 디지털카메라로 사진을 찍어 컴퓨터에 전송할 때에도 2진법 원리가 적용됩니다. 각 픽셀마다 색깔과 밝기 등을 나타내려면 1개 이상의 바이트가 분배되는데, 모두 2진코드로 되어 있습니다.

2진법은 2개의 기호만 있으면 수를 나타내기에 충분하고 사칙연산이 간단하다는 장점이 있습니다. 다른 진법은 덧셈표와 곱셈표를 외워야 하지만 2진법은 1+1=10, 1×1=1처럼 간단합니다. 10진표만 보더라도 덧셈표와 곱셈표를 채우려면 가로 10칸, 세로 10칸에 숫자 100개를 넣어야 해요.

반면 2진법은 표현하는 수가 길어진다는 단점이 있습니다. 10진수 256을 2진법으로 나타내면 다음과 같습니다.

$$256=2^8=1\times 2^8+0\times 2^7+0\times 2^6+0\times 2^5+0\times 2^4+0\times 2^3+0\times 2^2+0\times 2^1+0$$

10진법에서는 자릿값을 10의 거듭제곱으로 나타내듯이, 2진법에서 자릿값은 2의 거듭제곱으로 나타내야 합니다. 따라서 $256=2^8=100000000_{(2)}$이에요.

5진법

5진법은 5개가 한 묶음으로, 기본수가 5인 셈법입니다. 숫자 5개로 수를 표기할 수 있고, 5개를 다 세면 자릿수가 바뀌는 셈법이죠. 5진법은 인류가 사용한 다양한 진법 가운데 여러 지역에서 널리 사용된 최초의 진법이에요. 5진법은 다섯 손가락만으로 셈하기 시작하면서 생겨난 것으로 짐작하고 있습니다. 물건 1개와 손가락 1개를 짝지어 센 다음, 5개가 넘어가면 다시 되풀이하는 방법으로 셈을 합니다. 때때로 손가락 대신 나뭇가지나 작은 돌을 이용해 5를 나타내기도 했어요.

5진법을 사용한 흔적은 여러 곳에서 찾을 수 있습니다. 1장에서 이야기한 1937년 체코슬로바키아에서 발견된 늑대 뼈에는 눈금 5개가 한 묶음으로 새겨져 있어 5진법을 사용한 것으로 보입니다. 최근에도 남아프리카 일부 부족은 원one, 투two, 쓰리three, 포four, 핸드hand, 핸드 앤드 원hand and one과 같이 5단위로 수를 센다고 해요. 파라과이의 어느 부족은 5를 한 손의 손가락, 10은 두 손의 손가락, 20은 두 손과 두 발의 손 발가락이라고 부르고요.

프랑스 오베르뉴 지방 농민들의 곱셈법도 다섯 손가락을 활용한 5진법과 관련 있어요. 예를 들어 8×9의 계산 과정은 다음과 같습니다. 우선 8에서 5를 빼면 3이므로 오른손에서 세 손가락을 접습니다. 그리고 9에서 5를 빼면 4이므로 왼손에서 네 손가락을 접습니다. 이제 접지 않은 손가락은 오른손 2개, 왼손 1개예요. 그러면 10의 자릿수는 접은 손가락 수인 3과 4를 더한 7이고, 1의 자릿수는 접지 않은 손가락 수인 2와 1을 곱한 2가 됩니다. 따라서 8×9=72라는 답이 나옵니다.

주판도 5진법의 원리를 사용하는 계산 기구입니다. 중국과 우리나라 조선 시대에 사용했던 주판은 아래 칸에 5개의 알이 있고, 위 칸에 2개의 알이 있었습니다. 위 칸의 알 하나는 아래 칸의 알 5개에 해당해요. 아래 칸의 알 5개를 모두 올리지 않아도 위 칸의 알 1개로 대체할 수 있죠.

요즘 사용하는 주판은 아래 칸의 알이 4개입니다. 옛날 주판은 위 칸의 알 2개를 내리면 10이 되는데, 왼쪽에 있는 아래 칸의 알 1개를 올리는 것과 같습니다. 그래서 요즘 주판은 위 칸의 알 1개를 빼고 왼쪽 아래 칸의 알 1개로 대신하면서 아래 칸의 알은 4개, 위 칸의 알은 1개가 되었죠.

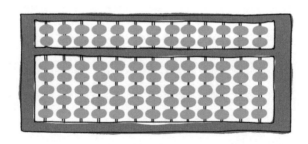

옛날에 사용했던 주판

동양의 오행설에서 말하는 우주 만물을 이루는 5가지 물질인 목(나무), 화(불), 토(흙), 금(쇠), 수(물)도 5진법을 따랐습니다. 동양에서는 세상 모든 것이 음양오행의 관계에 따라 이루어진다고 보았어요. 즉 우주의 만물은 음과 양으로 되어 있고, 이에 따라 오행이 변화하고 순환하며 우주 만물이 생성하고 소멸한다고 보았죠. 오행설은 서양에서 만물을 구성하는 기본 요소라고 생각했던 4원소(물, 공기, 불, 흙)설과 비교됩니다.

여러분이 새 학기에 학급 임원을 선출할 때도 5진법을 찾을 수 있습니다. 투표용지를 개표할 때 다섯 표가 되면 칠판에 바를 정正 자 모양을 그려서 득표수를 세지요? 이 방식도 5진법이에요.

이렇게 아직 곳곳에서 5진법의 흔적을 찾을 수 있어요. 5진법이 많이 활용된 이유는 인간의 한 손과 한 발에 손가락, 발가락이 5개씩 있고, 5가 10보다 작으면서 간단하게 처리할 수 있는 수이기 때문입니다.

10진법

10진법은 10개가 한 묶음으로, 기본수가 10인 셈법입니다. 숫자 10개로 수를 표기할 수 있고, 10개를 다 세면 자릿수가 바뀌는 셈법이죠. 인도-아라비아 수는 10진법이 적용된 대표적인 예입니다. 기본수를 10으로 해 9번째까지는 각각의 이름을 붙이고, 10이 넘는 수는 10개짜리 묶음의 수와 남은 낱개의 수를 세는 방식이죠.

10진법은 인류의 문명이 탄생한 이후 고대 이집트, 그리스, 중국에서 널리 사용되었어요. 고대 이집트인이 기원전 3300년경부터 사용한 상형문자는 10진법에 기초를 두고 있습니다. 중국도 오래전부터 10진법을 사용해 수를 표기하고 있고요. 현재는 전 세계적으로 10진법을 가장 많이 사용하고 있습니다. 10개 숫자로 모든 수를 나타낼 수 있고, 손가락과 발가락이 모두 10개씩이라 손발로 수를 세기가 편리했거든요.

12진법

12진법은 12개가 한 묶음으로, 기본수가 12인 셈법입니다. 숫자 12개로 수를 표기할 수 있고, 12개를 다 세면 자릿수가 바뀌는 셈법이죠. 손을 폈을 때 엄지손가락을 뺀 나머지 네 손가락의 마디 개수는 각각 3개입니다. 합하면 모두 12개죠. 12진법은

손가락에 있는 이 12개의 마디를 세면서 시작되었고, 선사 시대부터 있었다고 해요.

본격적으로 12진법을 널리 사용한 사람들은 약 4000여 년 전 고대 메소포타미아 문명을 이룬 수메르인과 바빌로니아인입니다. 이들은 농경 생활을 했기 때문에 무엇보다 계절이 어떻게 순환하는지 파악하는 것이 중요했어요. 그래서 지구의 공전주기와 달의 공전주기를 계속 관찰했고, 그 결과 1년에 초승달이 12번 나타난다는 사실을 알게 되었죠. 이 사실은 1년을 12달로 정하는 계기가 되었습니다.

또한 이들은 태양 빛으로 생기는 그림자를 보고 해시계를 만들었고, 하루를 같은 길이를 가진 12개의 시간대로 나누었어요. 1개의 시간대는 지금의 두 시간에 해당합니다. 이 밖에 지구의 궤도나 황도 같은 원을 측정할 때도 각 30도씩 12등분으로 나누어 측량했습니다.

12는 수의 크기에 비해 2, 3, 4, 6의 많은 약수를 가지고 있어서 나눗셈을 하기 쉽다는 장점이 있어요. 그래서 고대인들이 12진법을 널리 사용했죠.

12진법은 측정과 관련된 단위에서 많이 사용되었어요. 물건 단위인 1다스는 12개입니다. 도량형에서 1피트feet는 12인치inch,

영국의 옛 화폐였던 1실링shilling은 12펜스pence(페니penny의 복수형)였고요. 로마인도 아스As(화폐나 무게의 산술 단위 이름)를 하위 단위인 12개의 온스once로 나누어 사용했습니다.

프랑스는 프랑스 대혁명이 일어나기 직전까지 길이 단위로 피에pied, 푸스pouce, 리뉴ligne, 푸앵point 등을 사용했어요. 여기서 1피에는 12푸스, 1푸스는 12리뉴, 1리뉴는 12푸앵에 해당합니다. 프랑스 대혁명 이후에는 과학자들의 의견을 모아 단순하고 사용하기 쉽다는 이유로 10진법을 채택했어요.

1726년에 발표된 조너선 스위프트의 소설 《걸리버 여행기》에서도 12진법을 엿볼 수 있습니다. 소설에 "소인국 사람들은 걸리버에게 매일 소인국 1728명이 먹는 음식을 제공했다"는 문장이 나옵니다. 걸리버의 키는 소인국 사람의 키보다 12배가 컸고, 소인국 사람들은 몸 전체의 크기를 부피로 계산해서 걸리버에게 $12^3 = 1728$배만큼 음식을 주었어요.

영국은 화폐 단위도 오랫동안 12진법을 사용한 탓에 한때는 다른 나라와 교역을 하지 못할 정도로 불편을 겪었습니다. 프랑스 대혁명으로 10진법 기반의 미터법이 만들어지고 여러 나라가 미터법을 사용하면서 영국이 사용하는 단위 체계와 달랐기 때문이에요.

요즘도 별자리로 자신의 운세를 점치는 사람들이 있습니다. 서양에서는 점성술에 12진법을 적용한 별자리를 활용했는데, 하늘에서 해가 지나가는 길인 황도를 12개의 별자리로 나누고 이를 황도 12궁이라고 불렀습니다. 동양에서는 태어난 해에 따라 띠를 정할 때 자(쥐), 축(소), 인(호랑이), 묘(토끼), 진(용), 사(뱀), 오(말), 미(양), 신(원숭이), 유(닭), 술(개), 해(돼지)와 같이 열두 종류의 동물을 사용했고요.

이렇듯 12진법은 과거에 다양하게 활용되었으며, 아직도 그 흔적이 우리 주변에 남아 있습니다.

20진법

20진법은 20개를 한 묶음으로 하는 기본수가 20인 셈법입니다. 숫자 20개로 수를 표기할 수 있고, 20개를 다 세면 자릿수가 바뀌는 셈법이죠. 20진법은 양손과 양발을 이용해 셈하는 데서 유래되었어요. 손가락과 발가락으로 셈했던 선사 시대 원시 부족들이 처음 만들었다고 추측하죠. 이 시대 사람들은 손가락과 발가락을 사용해 물건을 사고팔 때 흥정하고, 20이 넘어가는 수를 셀 때는 20단위로 매듭을 묶는 방법을 사용했습니다.

20진법은 중앙아메리카와 코카서스산맥, 그리고 아프리카의 중서부 지역에서 널리 사용되었어요. 세네갈과 기니의 말린케족, 중앙아프리카의 반다족, 나이지리아의 예부족과 요루바족, 그린란드의 에스키모족, 사할린의 아이누족, 중앙아메리카에 살았던 마야족과 아즈텍족 등이 주로 사용했던 셈법입니다.

이 가운데 마야 문명을 일군 고대 마야인은 20을 한 묶음으로 세는 20진법을 사용했습니다. 그들은 (ⅠⅠⅠ)(0), •(1), —(5) 세 가지 기호로 모든 숫자를 표현했어요.

옛날 영어권 사람이 사용한 언어에서도 20진법을 찾을 수 있습니다. 70은 세븐티seventy이지만, 20 3개와 10three score and ten이라고도 하는데, 이때 스코어score는 20을 뜻해요. 미국 제16대 에이브러햄 링컨 대통령이 미국의 남북 전쟁 당시 게티즈버그에서 한 유명한 연설이 있습니다. 연설문 처음에 나오는 구절인 "Four score and seven years ago……"는 직역하면 "4개의 20년과 7년 전에……", 즉 87년 전을 말해요.

프랑스어의 수를 세는 단어에서도 20진법의 흔적을 찾을 수 있습니다. 80은 프랑스어로 위탕트huitante가 아닌 카트르 뱅quatre-vingt입니다. 카트르 뱅은 4개의 20으로, 4×20인 80이라는 뜻입니다. 120은 식스 뱅six-vingt으로, 6×20이라는 뜻이고요. 반면 99는 카트르 뱅 디스 네프quatre-vingt-dix-neuf로, 4×20+10+9=99입니다.

20진법과 10진법을 같이 사용하는 수예요.

20진법은 이제 잘 사용하지 않지만 아직 몇몇 측량과 관련된 단어에 남아 있습니다. 담배 한 갑 20개비, 오징어 한 축 20마리, 한약 한 제 20첩, 조기 한 두름 20마리, 북어 한 쾌 20마리 등은 20진법이 적용된 묶음 단위예요. 물건을 살 때 이러한 단위를 알고 있으면 편리하겠죠?

60진법

60진법은 60개가 한 묶음으로, 기본수가 60인 셈법입니다. 숫자 60개로 수를 표기할 수 있고, 60개를 다 세면 자릿수가 바뀌는 셈법이죠. 60진법을 처음으로 사용한 사람들은 기원전 4000년경에 살았던 메소포타미아 문명을 이룬 고대 수메르인이고, 아카드인과 바빌로니아인에게 전해졌다고 알려져 있습니다. 이들은 1을 나타내는 기호 ꡡ와 10을 나타내는 기호 ꡤ로 1부터 59까지의 수를 표기하는 60진법을 사용했어요.

오늘날 시간과 위치, 각도의 단위도 수메르인의 60진법을 사용하고 있습니다. 수메르인은 60진법을 적용해 태음력이라는 달력을 만들었어요. 태음력은 삭망월 주기를 바탕으로, 1년을 12달, 하루를 24시간, 1시간을 60분, 1분을 60초로 정했습니다. 삭망월 주기는 보름달이 된 때부터 다음 보름달이 될 때까지의 시간, 또는 초승달이 된 때에서 다음 초승달이 될 때까지의 시간이며, 평균 29.53일(29.27~29.83일) 정도 됩니다. 이 가운데 시간, 분, 초는 60진법을 적용했습니다.

60진법을 사용해 3시간 12분 19초를 초로 바꾸어 볼까요?

$$(3 \times 60^2) + (12 \times 60^1) + (19 \times 60^0) = 10800 + 720 + 19 = 11539초$$

수메르인은 원을 360°(도)로 하고 1°=60′(분), 1분=60″(초)로 나누었습니다. 각도를 재는 이 방법은 지금도 사용하고 있어요. 예를 들어 독도의 위치를 위도와 경도로 나타내면, 최고위점을 기준으로 동도는 동경 131° 52′ 10.4″, 북위 37° 14′ 26.8″이고, 서도는 동경 131° 51′ 54.6″, 북위 37° 14′ 30.6″입니다.

메소포타미아 문명에서 60진법을 사용했던 이유는 60이 2, 3, 4, 5, 6, 10, 12, 15, 20, 30으로 나누어 떨어지므로 분수를 간단하게 계산할 수 있었기 때문이에요. 하지만 60진법은 1에서 60까지, 60개의 수에 해당하는 말과 기호를 알고 있어야 사용할 수 있다 보니 모두 기억하기에는 어렵다는 한계가 있었습니다.

중국과 우리나라에서도 60진법을 사용한 사례가 있습니다.

10간\12지	갑	을	병	정	무	기	경	신	임	계
자(쥐)	1		13		25		37		49	
축(소)		2		14		26		38		50
인(호랑이)	51		3		15		27		39	
묘(토끼)		52		4		16		28		40
진(용)	41		53		5		17		29	
사(뱀)		42		54		6		18		30
오(말)	31		43		55		7		19	
미(양)		32		44		56		8		20
신(원숭이)	21		33		45		57		9	
유(닭)		22		34		46		58		10
술(개)	11		23		35		47		59	
해(돼지)		12		24		36		48		60

10간 12지 표

10간 12지에 대해 들어 본 적 있나요? 10간은 갑, 을, 병, 정, 무, 기, 경, 신, 임, 계이고, 12지는 자, 축, 인, 묘, 진, 사, 오, 미, 신, 유, 술, 해입니다. 옛사람들은 10간과 12지를 조합해 연도를 계산했어요. 갑자, 을축, 병인, 정묘, …… 등과 같이 10간과 12지를 하나씩 대응시키는 방식이죠. 이런 식으로 대응시키면 표와 같이 60개의 조합이 나오고, 이를 육십간지나 육십갑자라고 부릅니다. 육십간지는 중국의 은나라 때부터 사용했고, 우리나라에서는 신라의 삼국통일 전후로 사용하기 시작해 지금도 사용하고 있어요.

지금까지 2진법, 5진법, 10진법, 12진법, 20진법, 60진법이 어떻게 만들어졌고 사용되는지 예시와 함께 알아보았습니다. 인류는 다양한 기본수 덕분에 셈법을 여러 상황에 활용할 수 있었어요. 기본수의 발명은 수학사에 큰 변화를 가져오는 주춧돌이 되었습니다.

첫째, 기본수 원리에 따라 일정 개수의 기호를 묶어 계속 수를 세다 보면 큰 수를 이해할 수 있습니다. 그리고 큰 수를 계속 확장해 가면서 이해하면 무한에 대한 생각으로 이어질 수 있어요.

둘째, 묶음 단위를 하나의 수로 셀 수 있습니다. 이때 묶음 단위를 수가 아닌 다른 기호나 글자로 표현해 추상화할 수도 있어요. 이를 통해 다양한 계산 방법을 생각해 낼 수 있었습니다. '대수학'이라는 수학의 한 분야가 만들어지는 계기가 되었죠. 대수학은 각각의 숫자 대신에 숫자를 대표하는 일반적인 문자를 사용해 수의 관계, 성질, 계산 법칙 등을 연구하는 학문입니다.

셋째, 묶음 단위를 길이, 면적, 부피, 무게, 체적, 온도 등에 적용할 수 있습니다. 이런 여러 유형의 크기를 어림잡아 하나의 수치로 나타내면 측량이 됩니다. 측량은 도형과 공간의 성질을 연구하는 '기하학'이라는 수학의 한 분야로 이어졌고, 공리적인 사유로까지 확장되었어요. 공리적인 사유란 수학에서 증명을 하지 않아도 명백한 진리로 통하는 원리를 찾아내려는 것을 말해요. 기하학을 이용한 대표적인 공리적 사유가 '유클리드 기하학'입니다. 유클리드 기하학은 고대 그리스의 수학자 유클리드(에우클레이데스)가 최초로 기하학을 체계적으로 정리한 수학 분야예요.

이런 간단한 아이디어들이 모여 수를 확장하고, 측정하고, 측량해 가는 과정에서 문명이 발전했습니다.

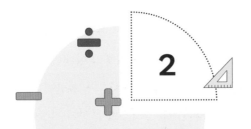

기수법에는 무엇이 있을까

    기수법은 정해진 몇 개의 숫자를 사용해 수를 표현하는데, 방법은 여러 가지입니다. 기수법은 인류 문명의 탄생과 함께 생겨났고, 문명마다 수를 표현하는 방식이 달랐지만 크게 네 가지로 나눌 수 있습니다. 가법적 기수법, 승법적 기수법, 기호 기수법, 위치 기수법입니다.

    처음에는 일정한 개수의 기호를 반복적으로 사용해 수를 표현한 가법적 기수법이 사용되었습니다. 가법적 기수법은 곱셈과 덧셈의 원리를 사용한 승법적 기수법으로 발전했어요. 기호 기수법은 일부 문명에서만 사용되었고요. 그리고 현재 전 세계적으로 가장 많이 사용하고 있는 기수법은 위치 기수법입니다. 우리가 수를 표기하는 방법도 0부터 9까지의 숫자를 사용한 위치 기수법에 따른 것입니다.

지금부터 네 가지 기수법을 하나씩 살펴보겠습니다.

네 가지 기수법의 표현 방식

가법적 기수법

가법加法적 기수법은 단순 기수법이라고도 합니다. 이름처럼 덧셈의 원리를 적용한 방법으로, 몇 가지 기본 기호를 결정한 뒤 그 수가 나타내는 개수만큼 기호를 반복해서 수를 표현합니다. 예를 들어 설명해 보겠습니다.

1=△, 10=☆, 100=□, 1000=◎, 10000=▽이라고 하면, 25341과 1005란 수는 다음과 같이 기호의 반복된 합으로 나타낼 수 있습니다.

25341=▽▽◎◎◎◎◎□□□☆☆☆☆△

1005=◎△△△△△

그렇다면 옛사람들은 가법적 기수법에 따른 수 체계를 어떻게 결정했을까요? 먼저 기본수를 정하고 기본수의 거듭제곱에 해당하는 기호를 만들었습니다. 만약 기본수를 a로 결정했다면 a^0(1), a^1, a^2, a^3, …… 등에 해당하는 기호를 만들었죠. 앞의 예에서 기본수를 10으로 결정하고 10의 거듭제곱에 해당하는 기호 몇 개를 만든 뒤 수를 표현한 겁니다. 각 기호가 나타내는 수를 다 더해서 표현했죠.

가법적 기수법은 수를 기호로 표현한 가장 초보적인 방법이에요. 가법적 기수법을 사용한 대표적인 예로는 고대 이집트의 상형 문자를 이용한 수 체계, 메소포타미아의 쐐기 문자를 이용한 수 체계(60 이하의 수), 그리스의 아티카식 수 체계, 로마 수 체계 등이 있습니다.

승법적 기수법

승법乘法적 기수법은 승법적 묶음법이라고도 합니다. 이름처럼 곱셈의 원리가 적용된 방법으로, 가법적 기수법에서 발전했어요. 기존의 덧셈 원리와 곱셈 원리를 함께 사용해 수를 표현합니다.

예를 들어 1부터 9까지 기호는 우리가 널리 사용하고 있는 숫자인 1, 2, 3, 4, 5, 6, 7, 8, 9라고 할게요. 10, 100, 1000은 각각

☆, □, ◎라고 하죠. 승법적 기수법을 적용해 5625란 수를 표현하면 다음과 같습니다.

$$5625=(5×◎)+(6×□)+(2×☆)+5=5◎6□2☆5$$

만약 여러분이 승법적 기수법에 따른 수 체계를 만들려고 한다면 어떻게 해야 할까요? 먼저 기본수를 정합니다. 만약 기본수가 a라면, 1부터 a−1까지 수에 해당하는 기호와 a^1, a^2, a^3, ……등을 나타내는 기호를 만들어요. 앞서 든 예에서 기본수는 10입니다. 그리고 1부터 10−1인 9까지 해당하는 1, 2, 3, ……, 9까지의 기호 그룹 하나를 만들었어요. 또 기본수인 10의 거듭제곱인 10^1, 10^2, 10^3, ……에 대해 각각 △, ☆, □라는 또 하나의 기호 그룹도 만들었죠. 그다음 두 그룹의 기호들을 덧셈과 곱셈 원리로 결합해 더 큰 수를 표현하는 겁니다. 다시 말해 승법적 기수법에 따른 수 체계에서는 앞의 예처럼 숫자들을 서로 곱하고, 기호를 사용해 나타낸 각 자리의 수끼리 더합니다.

가법적 기수법은 하나의 기호를 여러 번 반복해야 하는 번거로움이 있어요. 반면 승법적 기수법은 기본수를 a라고 할 경우, 앞서 예로 든 가법적 기수법에서 5000을 표현하려면 ◎를 5번이나 써야 하지만, 승법적 기수법에서는 5◎라고 쓰면 끝이죠. 또한 가법적 기수법은 자릿값을 금방 파악하기 어렵습니다. 반면 승법적 기수법은 자릿값을 나타내는 기호가 별도로 필요하지만, 큰 수를 더욱 간단하게 나타낼 수 있습니다. 승법적 기수법을 사용한 대표적인 예로 중국의 한자 수 체계를 들 수 있습니다.

기호 기수법

기호 기수법은 암호 기수법이라고도 합니다. 기본수와 관련된 기호를 만든 뒤 그 기호를 사용해 수를 나타내는 방법이에요. 기호 기수법은 많은 기호가 필요하다는 단점이 있지만, 오히려 수는 더욱 간결하게 나타낼 수 있어요.

기호 기수법에 따른 수 체계는 다음과 같이 결정합니다. 먼저 기본수를 정합니다. 만약 기본수가 a라면, 1, 2, ……, a-1과 a, 2a, 3a, ……, (a-1)a, 그리고 a^2, $2a^2$, $3a^2$, ……, (a-1)a^2 등에 해당하는 기호를 만듭니다. 그런 다음 이 기호들을 조합해 수를 나타냅니다. 예를 들어 보겠습니다.

기본수가 10이라고 하죠. 그러면 1부터 9까지의 수를 나타내는 기호와 10, 20, 30, ……, 90의 기호 그리고 100, 200, 300, ……, 900 등의 수를 나타내는 기호를 만들어야 해요. 기호를 만들면 이 기호들로 수를 나타내면 됩니다. 만약 1은 기호 △, 30은 기호 ☆, 500은 기호 □로 한다면, 531은 □☆△가 되는 거예요.

기호 기수법을 적용한 수 체계는 일정 크기까지의 수를 분명하게 나타낼 수 있다는 장점이 있어요. 하지만 그 이상의 수를 나타내려면 다른 조합 규칙이 필요합니다. 그리스의 이오니아식 수 체계의 경우 900까지만 기호로 만들었기 때문에 1000을 넘어가는 수는 왼쪽 어깨에 ∠를 붙여서 나타냈어요. 2531이라는 수를 그리스 이오니아식으로 나타내면, 1은 α, 30은 λ, 500은 φ이고 1000이 넘는 수이므로 ʹφλα입니다.

기호 기수법을 사용한 대표적인 예가 위에서 말한 그리스 이오니아식 수 체계(알파벳 수 체계라고도 합니다)입니다. 이 수 체계는 10을 기본수로 하고, 27개의 알파벳 기호를 사용했습니다.

위치 기수법

위치 기수법은 자릿값 기수법이라고도 합니다. 기본수만큼 기호를 사용해 모든 수를 표현하는 방법이에요. 현재 우리가 사용하는 수 체계가 위치 기수법을 사용하는 대표적인 수 체계입니다. 우리에게 익숙한 인도-아라비아 수 체계의 예를 들어 설명해 볼게요. 이 수 체계에서 기본수는 10이고, 0에서 9까지 10개의 기호를 이용하여 모든 수를 표현하죠. 그리고 숫자의 위치가 자릿값을 나타냅니다. 2985란 수를 보면 오른쪽 첫 번째 자리의 숫자 5는 10^0인 1의 자리에 있어 5를 표현하고, 오른쪽에서 두 번째 자리의 숫자 8은 10^1인 10의 자리에 있어서 80을 표현하고, 오른쪽에서 세 번째 자리의 숫자 9는 10^2인 100의 자리에 있어서 900을 표현하고, 오른쪽에서 네 번째 자리의 숫자 2는 10^3인 1000의 자리에 있어서 2000을 표현하죠. 이를 일반화하면 위치 기수법은 기본수 n과 0, 1, 2, 3, ……, (n-1)의 숫자 n개를 사용하고, 숫자의 위치로 자릿수를 나타내는 수 표기법입니다.

이런 식으로 수를 나열하면 어떠한 수라도 다음과 같이 나타낼 수 있습니다.

$$a_x n^x + a_{x-1} n^{x-1} + \cdots\cdots + a_2 n^2 + a_1 n^1 + a_0 n^0$$

(a_x는 0, 1, 2, 3, ……, (n-1) 중 하나)

따라서 2985를 위치 기수법으로 나타내면 다음과 같습니다.

$$2985 = 2 \times 10^3 + 9 \times 10^2 + 8 \times 10^1 + 5 \times 10^0$$
$$= 2 \times 10^3 + 9 \times 10^2 + 8 \times 10 + 5 \times 1$$

위치 기수법에는 메소포타미아의 쐐기 문자를 이용한 수 체계 (60 이상의 수), 마야의 수 체계, 그리고 현재 우리가 사용하고 있는 인도-아라비아 수 체계가 있습니다.

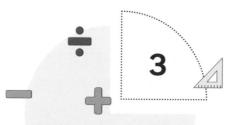

나라마다 수 표기 방식은
어떻게 달랐을까

　인류는 고대부터 수를 체계적으로 표기하기 시작했습니다. 왜 고대인은 수를 체계적으로 표기하려고 노력했을까요?

　당시에는 먹고사는 데 농사가 가장 중요했을 거예요. 농사를 잘 지으려면 정확한 시기에 씨를 뿌리고 제때 농작물을 거두어들 여야 합니다. 따라서 계절이 어떤 식으로 바뀌는지 파악해야 했습니다. 거둔 농작물을 잘 보존하고 여러 사람에게 공평하게 나누는 것도 중요했습니다. 또 가축을 기르면서 가축이 몇 마리인지, 사료는 얼마만큼 주어야 할지 파악하는 일도 꼭 해야 했죠.

　이러한 문제들을 해결하려면 무엇보다 체계적인 수 표기 방법 이 필요했습니다. 그리고 수를 기록으로 남기기 시작했습니다.

고대인은 수를 체계적으로 표기하려고 앞에서 설명한 여러 기수법을 사용했어요. 고대인이 기수법을 만든 과정은 대체로 다음과 같았습니다.

첫째, 수를 얼마씩 묶어서 셀지 묶음 단위인 기본수를 정하고, 셈법인 진법을 만들었습니다. 둘째, 기본수만큼 수에 대응하는 기호를 만들고, 이름을 붙였습니다. 셋째, 이 기호들을 어떤 식으로 조합해서 기본수보다 큰 수를 표현할지 결정했습니다.

지금부터 고대 문명에서 어떤 방식으로 수를 표기했는지 알아보겠습니다.

문명마다 달랐던 수 표기 방법

메소포타미아

인류 최초의 문자는 메소포타미아의 수메르인이 사용한 문자라고 알려져 있습니다. 수메르인은 기원전 3500년경 갈대 펜으로 사물의 모양을 본뜬 그림 문자를 썼어요. 사물을 그림으로 나타낸 문자라고 해서 상형 문자象形文字라고도 부르죠.

수메르인은 축축한 진흙을 빚어서 만든 점토판에 갈대 펜으

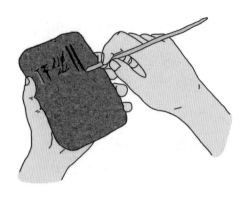

갈대 펜으로 상형 문자를 쓰는 모습

로 긁어서 문자를 기록한 다음 화덕에 구워서 보관했습니다. 그런데 문명이 발달할수록 기록할 내용이 많아지면서 갈대 펜으로 일일이 문자를 새겨 넣는 일이 번거로워졌어요. 사람들은 좀 더 빠르고 많이 기록할 수 있는 방식을 고민했습니다. 그 결과 갈대펜으로 그리는 대신 찍어 누르는 방법을 생각하게 되었고, 문자 모양은 점점 쐐기 모양으로 변해 갔습니다. 여기서 쐐기는 그림과 같이 한쪽을 뾰족한 모양으로 깎아 만든 것으로, 느슨한 공간에 박아 메우는 물건을 말해요.

쐐기 모양 자국으로 나타

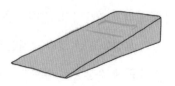

쐐기

낸 문자를 쐐기 문자 또는 설형 문자楔形文字라고 합니다. 문자를 기록하는 도구가 달라진 만큼 수의 표기 기호도 변했는데, 대표적인 기호는 다음 표와 같아요.

	1	10	60	600	3600	36000
기원전 3000년경	ᴗ	◦	ᴗ	⊙	◯	⊙
기원전 2500년경	⟨	⟨	⟨	⟨	⟨	⟨

수메르인이 사용한 수 표기 기호

기원전 3000년경 살았던 수메르인은 60진법을 사용했습니다. 수메르인이 60의 배수로 세던 방식이 메소포타미아에 전해지면서 위치 기수법 원리를 적용한, 짜임새 있는 60진법으로 통일되었어요. 메소포타미아인들은 60을 한 묶음으로 해 60이 채워질 때마다 자릿수가 하나 올라가는 수 표기 방법을 사용했습니다.

메소포타미아인은 수를 나타내기 위해 먼저 기본수를 60으로 하고, 1과 10을 나타내는 2개의 쐐기 문자 기호를 결합해 사용했습니다. 1은 못 모양의 기호 ▽, 10은 서까래 모양의 기호 ◁로 표기했어요. 1부터 59까지의 수는 다음과 같이 이 두 가지 기호를 조합해 나타냈고, 가볍적 기수법을 적용했습니다.

이 기호를 사용해 49를 나타내면 다음과 같습니다.

49=40+9= 𒁹+𒐕=𒁹𒐕

60은 1과 같은 기호 𒁹로 나타냈고, 61은 𒁹𒁹으로 나타냈어요.
이때 𒁹 사이에 간격을 두어 자릿수를 나타냈습니다. 다시 말해 같
은 기호를 사용하는 다른 수들은 두 기호 사이에 약간의 간격을

1	𒁹	11		21		31		41		51	
2		12		22		32		42		52	
3		13		23		33		43		53	
4		14		24		34		44		54	
5		15		25		35		45		55	
6		16		26		36		46		56	
7		17		27		37		47		57	
8		18		28		38		48		58	
9		19		29		39		49		59	
10		20		30		40		50		60	𒁹

메소포타미아인이 사용한 수 표기 기호

두어 구별했고, 이는 위치 기수법을 사용했다고 할 수 있어요. 그런데 간격은 사람마다 판단하는 기준이 다르기 때문에 61을 2로도 볼 수 있다는 문제점이 있었습니다. ᛉᛉᛉ를 3으로도 볼 수 있고 62로도 볼 수 있었던 것이죠.

사람들은 생활에서 불편을 겪다가 조금이라도 편하게 살기 위해 새로운 아이디어를 내놓는 경우가 많습니다. 바빌로니아인은 수를 헷갈리는 일을 막으려고 60이 되는 자리에 무엇인가를 표시해야 한다는 생각을 하게 됐습니다.

그들은 기원전 3세기경 0을 나타내는 기호인 ᛕ를 도입했습니다. 예를 들어 46829를 ᛕ를 사용해서 어떻게 나타낼 수 있을까요? 먼저 46829를 60진법으로 바꿔야 해요. 46829를 60으로 나누면 몫이 780, 나머지가 29입니다. 즉 46829=780×60+29이죠. 여기서 780을 다시 60으로 나누면 몫이 13, 나머지가 0입니다. 따라서 $46829 = 780 \times 60 + 29 = (13 \times 60) \times 60 + 29 = 13 \times 60^2 + 29 = 13 \times 60^2 + 0 \times 60^1 + 29$예요. 1의 자리는 29, 60의 자리는 0, 60^2의 자리는 13이니까 다음과 같이 나타낼 수 있어요.

$$13 \times 60^2 + 0 \times 60 + 29 = 46800 + 29 \times 60^0 = 46829$$

가장 오른쪽부터 3개의 기호는 29를 나타내고, 그다음 자리에는 0을 나타내는 𐎟를 사용했으므로 ＜𐎟𐎟𐎟이 13×60^2이라는 것을 알 수 있습니다.

다만 바빌로니아인은 𐎟 기호로 0을 나타냈지만, 단순히 자릿값을 나타내는 용도였을 뿐 없음을 나타내는 하나의 수라고는 생각하지 못한 것 같아요. 그래서 지금의 10과 같은 수를 적을 때 오른쪽 끝에 더 이상 수가 없음을 나타내는 기호가 없었습니다. 𐎟가 1을 나타내는지 60을 나타내는지는 그때마다 상황을 보고 판단해야 했죠.

이처럼 메소포타미아인은 60 이하의 수는 기본수를 10으로 하는 가법적 기수법이, 60 이상의 수는 위치 기수법이 적용된, 두 가지 기수법이 섞인 수 체계를 사용했습니다. 쐐기 문자는 초기에는 주로 수를 세고 무게와 길이를 재는 데 사용했어요. 시간이 지나면서 계약, 화폐, 영수증, 약속어음, 회계, 이익, 저당, 판매, 보증, 기호표(사전) 등 용도가 다양해졌죠. 당시에는 상당히 수준 높은 계산법을 사용한 것을 알 수 있습니다.

바빌로니아에서 사용한 60진법은 훗날 아라비아에서 계승했습니다. 그 뒤 유럽에 전파되어 16세기까지 천문학이나 수학 분야에서 계산을 하는 데 사용되었습니다.

이집트인은 기원전 3500~3300년경 이전에는 상형 문자를 사용했으며, 상형 문자의 모양과 뜻은 시대에 따라 달라졌습니다. 처음에는 신성 문자神聖文字를 사용했습니다. 당시 이집트인은 자신들의 기수법으로 1000만까지의 수를 나타낼 수 있었어요. 처음에는 수를 위에서 아래로 쓰다가 나중에는 오른쪽에서 왼쪽으로 쓰기도 하고, 왼쪽에서 오른쪽으로 쓰기도 했죠.

기원전 2925~2775년 이집트 제1왕조 때는 신관 문자神官文字를 사용했습니다. 신관 문자는 문자를 기록하는 일을 했던 서기가 판결, 행정 업무, 정부 문서 등을 기록하려고 만든 간단한 문자였죠. 갈대 펜에 잉크를 묻혀 파피루스, 나무 등에 오른쪽에서 왼쪽으로 썼어요. 그 뒤 좀 더 단순화시킨 글자체인 민중 문자로 바뀌었습니다. 민중 문자는 기원전 약 650년부터 기원후 5세기경까지 사용되었으며, 이집트 상형 문자의 마지막 형태라고 알려져 있어요. 문자의 형태는 조금씩 바뀌어도 수 표기 방식은 다음과 같이 널리 알려진 수 표기 방식이 사용되었습니다. 당시 이집트인은 10진법을 기본으로 가법적 기수법을 적용한 수 체계를 사용했습니다. 그들은 기본수를 10으로 결정하고, 10의 거듭제곱인 1, 10, 100, 1000, ……, 1000만까지 해당하는 기호를 만들었어요. 수 기호는

수	모양	모양 설명
1 일	|	막대기 또는 한 획
10 십	∩	말발굽 모양 또는 뒤꿈치 뼈
100(10^2) 백	৭	두루마리(감긴 밧줄) 또는 새끼줄
1000(10^3) 천	🪷	나일강에 피어 있는 연꽃
10000(10^4) 만	∂	하늘을 가리키는 손가락
100000(10^5) 십만	ৡ	나일강에 사는 올챙이
1000000(10^6) 백만	⸹	너무 놀라 양손을 하늘 위로 펴는 사람 또는 신 모습, 신을 경배하는 모습
10000000(10^7) 천만	○	이집트의 신인 태양을 가리킴

이집트에서 사용한 수 표기 기호

표와 같이 물체를 단순화시켜 만들었습니다.

기본수를 10으로 정하고 기호를 만들었다면, 이제 기호를 어떻게 조합할지 결정해야겠죠? 이집트인은 각 기호를 반복적으로 배열하는 가법적 기수법을 선택했어요. 예를 들어 20335를 이집트 수로 나타내면 다음과 같습니다.

$$20335=2(10^4)+0(10^3)+3(10^2)+3(10)+5$$

$$=∂∂৭৭৭∩∩∩|||||$$

그리스

그리스 수에 대한 최초의 증거물은 기원전 약 1100년경부터 존재합니다. 그리스인은 기원전 600년경까지 사용하던 수의 기호를 바꾸고, 기원전 450년경에 또다시 바꾸어 아티카식 수 체계를 만들어서 약 400년 동안 사용했습니다.

아티카식 수 체계는 5진법과 10진법을 함께 사용했어요. 당시 그리스인은 1은 세로막대 기호인 |을, 5는 Γ를 사용했어요. Γ는 Π의 옛날 형태로, 5를 뜻하는 그리스어 펜테[pente]의 머리글자예요. 10은 Δ를 사용했어요. Δ는 10을 뜻하는 그리스어 데카[deka]의 머리글자입니다. 이 밖에도 100은 H[hecta], 1000은 X[kilo], 10000은 M[myriad]를 사용했어요. 50은 10과 5를 합친 $\boxed{\Delta}$이고, 500은 $\boxed{H}$, 5000은 $\boxed{X}$, 50000은 $\boxed{M}$으로 나타냈습니다.

1	2	3	4	5	6	7	8	9
|	||	|||	||||	Γ	Γ|	Γ||	Γ|||	Γ||||

10		100		1000		10000	
Δ		H		X		M	

50		500		5000		50000	
$\boxed{\Delta}$		$\boxed{H}$		$\boxed{X}$		$\boxed{M}$	

그리스인이 사용한 수 표기 기호

이렇게 기본수를 5와 10으로 결정하고 수의 기호를 만든 다음, 나머지 수는 기본수를 조합하여 가법적 기수법을 적용해 나타냈습니다. 2, 3, 4는 1에 해당하는 기호 |에 해당 개수만큼 추가해 ||, |||, ||||로 표현했죠. 6부터 9까지는 |와 Γ를 조합해 표현했고요. 예를 들어 8은 5와 3을 합한 Γ|||로 표기하고, 17은 10, 5, 2를 합한 ΔΓ||로 표기했어요.

그렇다면 아티카식 수 체계를 이용해 36258을 표현해 볼까요?

$$36258=(10000+10000+10000)+(5000+1000)+(100+100)$$
$$+50+8$$
$$= MMM\Gamma^{x}XHH^{x}\Gamma|||$$

이 방법은 초기 이집트에서 사용한 신성 문자 기수법, 로마 수처럼 단순하게 반복해 나타내고 있습니다. 아티카식 수는 같은 숫자를 되풀이하다 보니 자리를 많이 차지했습니다. 그래서 기원전 600~300년 무렵 이오니아식 수가 새롭게 도입되었는데, 기원후 15세기경까지 널리 사용되었어요.

당시 그리스인은 이오니아식 수 체계의 기본수를 10으로 결정했죠. 그다음 기호를 반복하는 단점을 보완하려고 페니키아로부터 받아들인 27개 알파벳으로 수 기호를 만들었습니다. 마지막으로 알파벳을 순서대로 배열하는 기호 기수법을 사용해 수를 표현했죠. 알파벳 기호를 사용했다고 해서 이오니아식 수 체계를 알파벳 수 체계라고도 부릅니다.

다음은 이오니아식 수 체계를 이용해 표기한 수입니다.

19=ιθ

35=λε

864=ωξδ

이오니아식 수 체계는 기호를 반복해 나열하는 번거로움을 해결해 주었습니다. 하지만 900단위까지만 표기할 수 있고, 숫자의 종류가 너무 많아서 기억하기 힘들다는 단점이 있어요. 그리스에서 대수학이 발달하지 못한 이유도 이 기수법이 비효율적이었기 때문이죠. 또한 그리스 시대에는 철학이 발달했고 수학적 사고를 중요하게 여겨서 대체로 계산을 무시한 편이라 계산은 하위 계층에게 맡기고, 도형으로 사고하려는 경향이 강했다고 해요. 그래서 표기할 수 있는 수에 한계가 있는데도 큰 수를 표기하는 것에 별 미련이 없었던 것으로 보입니다. 결과적으로는 실패했지만, 간단

수	대문자/소문자	영어 이름
1	A/α	alpha(알파)
2	B/β	beta(베타)
3	Γ/γ	gamma(감마)
4	Δ/δ	delta(델타)
5	E/ε	epsilon(엡실론)
6	없어짐	digamma(다이감마)
7	Z/ζ	zetaa(제타)
8	H/η	eta(에타)
9	Θ/θ	theta(세타)
10	I/ι	iota(이오타)
20	K/κ	kappa(카파)
30	Λ/λ	lambda(람다)
40	M/μ	mu(뮤)
50	N/ν	nu(뉴)
60	Ξ/ξ	xi/ksi(크사이)
70	O/o	omicron(오미크론)
80	Π/π	pi(파이)
90	없어짐	koppa(코파)
100	P/ρ	rho(로)
200	Σ/σ/s	sigma(시그마)
300	T/τ	tau(타우)
400	Y/υ	upsilon(입실론)
500	Φ/φ	phi(파이)
600	X/χ	chi(카이)
700	Ψ/ψ	psi(프사이)
800	Ω/ω	omega(오메가)
900	없어짐	sampi(삼피)

그리스에서 사용한 알파벳 수 표기 기호

하고 치밀하게 수를 표현했다는 점에서 의미가 있습니다.

로마

보통 로마 수라고 하면 기원전 5세기 전, 고대 그리스에서 갈라져 나와 13세기 말까지 유럽에서 사용된 숫자를 말합니다. 고대 그리스의 학술과 문화는 로마 제국에 영향을 주었고, 로마 제국은 유럽 지역에 영향을 주었어요.

고대 로마인은 10진법이나 5진법을 사용했습니다. 그들은 $10^0(1)$, 10^1, 10^2, 10^3을 나타내는 기호로 I, X, C, M을 사용했죠. 그리고 5, 50, 500은 V, L, D를 사용했어요. 로마인은 이러한 기호를 더하는 가법적 기수법을 사용해 수를 표기했습니다. 예를 들어 1994를 로마 수로 나타내면 다음과 같습니다.

1994=1000+900+90+4

=1000+500+100+100+100+100+50+10+10+10+10+1+1

+1+1

= MDCCCCLXXXXIIII

실용적인 것에 관심이 많았던 로마인은 세월이 흐르면서 수를 더욱 간단히 표기하고 싶었습니다. 그래서 1, 10, 10^2, 10^3, 5, 50, 500 이외의 수를 나타내는 기호는 빼기와 더하기 방식을 사용했어요. 11은 XI, 즉 10+1로 더하기(가법적 기수법)를 적용했습니다. 9는 IX, 즉 10-1로 빼기(감법적 기수법)를 적용했고요. 빼기 원리를 적용하면 1994를 로마 수로는 어떻게 표기할까요?

$$1994=1000+900+90+4=1000+(-100)+1000+(-10)+100+(-1)+5$$
$$=MCMXCIV$$

1994가 MDCCCCLXXXXIIII에서 MCMXCIV로 바뀐 것만 봐도 처음보다 간단해진 것을 알 수 있습니다. 그럼에도 같은 기호를 반복해 써야 하기 때문에 여전히 많은 숫자를 사용해야 해서 계산

1	I	10	X	100	C
2	II	20	XX	500	D
3	III	30	XXX	1000	M
4	IV	40	XL		
5	V	50	L		
6	VI	60	LX		
7	VII	70	LXX		
8	VIII	80	LXXX		
9	IX	90	XC		

로마인이 사용한 수 표기 기호

하기 불편했어요. 8(Ⅷ)을 로마 숫자로 나타내려면 기호가 4개(Ⅴ, Ⅰ, Ⅰ, Ⅰ)나 필요한데, 이것을 종이에 쓰면서 더하거나 빼는 게 쉽지 않았을 거예요. 그래서 계산은 주판과 비슷한 수판을 이용하고, 수는 그 결과를 기록하는 데 사용했습니다. 로마의 군인이자 정치가였던 카이사르가 100만 대군을 이끌고 이집트로 싸우러 갔을 때, 이를 기록하는 종군 역사관이 100만을 나타내는 기호가 없어서 하루 종일 M을 1000개나 썼다고 할 정도였어요.

이렇게 로마 수 체계가 비효율적인 데도 서양에서는 로마 수를 13세기까지 사용했습니다. 그러다가 이탈리아에서 상업이 발달하자 유럽 상인들은 계산이 편리한 아라비아 수를 사용하기 시작했어요. 15~16세기에 인도-아라비아 수가 널리 사용되면서 더이상 로마 수를 사용하지 않았습니다. 요즘은 시계에 시간의 숫자를 표시하거나 책에 차례를 표기할 때 사용하고 있습니다.

중국

현재 중국에서 사용하는 한漢 숫자는 갑골 문자甲骨文字에 사용된 숫자에서 시작되었습니다. 갑골 문자는 이집트의 상형 문자, 메소포타미아의 쐐기 문자와 비슷해요. 중국에서 발견된 가장 오래된 문자로, 동물 뼈나 거북 껍데기에 전쟁, 농사, 제사 등에 관한 내용을 문자로 새겼어요. 그 안에 숫자도 포함되어 있습니다.

중국은 10진법을 사용했습니다. 1, 2, 3, 4, 5, 6, 7, 8, 9를 一, 二, 三, 四, 五, 六, 七, 八, 九로 표기했어요. 그리고 10의 거듭제곱인 10, 100, 1000, 10000, 100000000, ……은 十, 百, 千, 萬, 億, ……으로 표기했죠. 이렇게 10을 기본수로 해서 승법적 기수법을 적용해 지금까지 사용하고 있습니다.

27386을 한자 수 체계로 나타내면 다음과 같습니다.

27386=二×萬 + 七×千 + 三×百 + 八×十 + 六

    =二萬七千三百八十六

이 방식은 같은 기호를 반복할 필요가 없어서 편리하게 사용할 수 있습니다. 하지만 사칙연산을 할 때는 실용적이지 않아 수는 결과를 기록하는 데만 사용했어요. 계산은 산목(수를 셈하는 데 쓰던 막대기), 주판, 수판 같은 셈 기구를 사용했습니다.

인도-아라비아

인도-아라비아 수는 원래 인도에서 발명되었으나, 아라비아인이 서유럽에 전파해 붙은 이름입니다. 현재 전 세계가 공통적으로 사용하는 수죠. 인도-아라비아 수가 어떻게 탄생했는지는 알수 없습니다. 현재 파악된 최초의 인도-아라비아 수에 관한 기록은 기원전 250년경, 인도의 아소카 왕 시대에 세워진 돌기둥에 새겨진 수입니다. 이때는 숫자 0도 없었고 위치 표시도 사용되지 않아서 수십이나 수백 같은 수는 또 다른 기호를 만들어 사용했어요.

인도-아라비아 수 체계가 만들어진 초기에는 1에서 9까지의 숫자만 사용했습니다. 기원전 3세기부터 기원후 7세기의 여러 기록에 따르면, 북인도인이 1부터 9까지에 해당하는 9개의 숫자를 사용해 수를 표기했다고 해요. 그들이 사용한 숫자는 기원전 2세기부터 기원후 8세기까지 여러 모양으로 바뀌었다가 점점 요즘 쓰이는 모양으로 정착됐습니다.

자릿수를 나타내는 위치의 원리와 0은 5세기가 지나서야 발견되었어요. 458년에 출간된 《로카비바가Lokavibhāga》라는 우주학에 관한 논문에서 찾아볼 수 있습니다. 이 논문에서 13107200000을 "śūya śūya śūya śūya śūya dvi sapta śūya eka tri eka(공 공 공 공 공 이 칠 공 일 삼 일)"라고 표기했습니다. 여기서 눈여겨볼 만한 사실은 논문에 "위치 법칙 내에서"라는 말을 썼다는 거예요.

5세기 중엽 이후 인도에 0과 위치의 원리를 사용한 표기법이 널리 알려졌습니다. 773년, 어느 인도 천문학자가 바그다드의 궁

전을 찾아가 당시 칼리프(이슬람 국가의 최고 지도자)에게 천문표를 바쳤습니다. 그 뒤에 아라비아 수학자가 쓴 글에 '인도 산술'이라는 말이 자주 나왔다고 해요. 따라서 인도의 기수법은 773년경 바그다드에 전해진 것으로 추측하고 있습니다.

825년경 페르시아 수학자 알콰리즈미가 《인도 숫자를 이용한 계산》이라는 책을 출간했습니다. 이 책에는 위치 값과 0을 사용함으로써 완전해진 인도의 수 체계가 설명되어 있습니다. 인도의 수 체계가 중동 지역에 전파되는 데 기여한 책이죠.

현재 세계적으로 널리 쓰이는 인도-아라비아 수 체계는 10진법에 기반한 위치 기수법이 적용됐어요. 위치에 따라 자릿값이 달라지므로 숫자 10개만으로 모든 자연수를 나타낼 수 있죠. 바로 1, 2, 3, 4, 5, 6, 7, 8, 9, 0입니다. 각각의 숫자를 결정했으면 이 숫자들을 어떤 식으로 조합해 수를 표현할지 생각해 봐야겠죠.

인도인은 0을 도입하면서 위치에 따른 자릿값으로 0을 사용했어요. 다시 말해 10을 나타내는 기호는 따로 만들지 않고, 대신 10의 자리에 숫자를 놓아서 자릿수를 나타냈어요. 10의 자리인지 어떻게 아냐고요? 인도-아라비아 숫자로는 1의 자리에 0을 적으면 1이 10의 자리에 있다는 것을 알 수 있어요. 이렇게 100이나 1000 같은 10의 거듭제곱에 해당하는 나머지 수도 각자의 위치로 나타냅니다. 삼천칠백팔십칠이란 수는 3787이라고 나타낼 수 있죠. 여기서 숫자 7이 두 번 나오는데, 하나는 700이고 다른 하나는 7을 나타냅니다. 같은 숫자라도 자리에 따라 다른 수가 됩니다.

인도-아라비아 숫자는 세계 공통으로 쓰입니다. 이 기수법이 그만큼 뛰어나기 때문입니다. 다른 나라의 수 체계와 비교해 보면 알 수 있어요. 동양의 한 숫자나 로마 숫자를 활용한 기수법은 새로운 수가 나올 때마다 숫자를 따로 만들어 써야 합니다. 즉 모든 수를 나타내려면 무한히 많은 숫자가 필요하죠.

현재 일상적으로 우리가 사용하고 있는 한 숫자는 一(1), 二(2), 三(3), 四(4), 五(5), 六(6), 七(7), 八(8), 九(9), 十(10), 百(100), 千(1000), 萬(10000), 億(억, 10^8), 兆(조, 10^{12}) 15개이고, 나타낼 수 있는 수는 9,999,999,999,999,999까지뿐입니다. 이보다 큰 수를 나타내려면 10^{16}인 京(경)이라는 새로운 숫자가 필요해요.

로마 숫자도 마찬가지입니다. Ⅰ(1), Ⅱ(2), Ⅲ(3), Ⅳ(4), Ⅴ(5), Ⅵ(6), Ⅶ(7), Ⅷ(8), Ⅸ(9), Ⅹ(10), L(50), C(100), D(500), M(1000), ……으로 단위가 올라갈 때마다 새로운 기호가 만들어집니다.

마야

마야의 수 체계는 중앙아메리카의 한 부족인 마야족이 기원전부터 스페인에 멸망당한 16세기까지 사용했습니다. 마야인은 한 달을 20일로 생각해 기본수를 20으로 두고 5를 보조 단위로 사용했어요. 그들은 1, 5, 0에 대한 기호를 각각 점과 선, 그리고 없음을 나타내는 기호인 •, ─, ⬭로 표기했습니다. 이 세 가지 기호를 바탕으로 다양한 수를 나타냈죠.

먼저 20보다 작은 수는 이 세 가지 기호를 바탕으로 가법적 기수법을 적용했어요. 8은 5에 3을 더한 ●●●, 15는 5를 세 번 더한 ☰, 19는 5+5+5+4의 형태인 ☰처럼요.

20보다 큰 수는 위치 기수법을 적용했습니다. 당시 그들은 0을 하나의 수가 아니라 자리가 비어 있음을 나타내는 기호로 사용했어요.

20진법을 이용한 수 체계는 보통 $1(20^0)$, 20^1, 20^2, 20^3, ……과 같이 자릿값이 올라갑니다. 예를 들어 452를 20진법으로 나타내면, $452=(22×20)+12=(20+2)×20+12=1×(20^2)+2×(20)+12$가 됩니다. 그런데 마야인은 특이하게도 20 다음에 20^2이 아니라 $18×20^1$을 놓았습니다. 따라서 452는 다음과 같이 나타냈습니다.

$$452=(22×20)+12=(1×18+4)×20+12$$
$$=(1×18×20)+(4×20)+12=1(18)(20)+4(20)+12$$

기호	이름	수	기호	이름	수
⬭	시스 임	0	=	라훈	10
•	훈	1	•̳	불룩	11
••	카아	2	••̳	라흐카	12
•••	오스	3	•••̳	오스라훈	13
••••	칸	4	••••̳	칸라훈	14
—	호오	5	≡	호오라훈	15
•̲	우아크	6	•̶	우아크라훈	16
••̲	우우크	7	••̶	우우크라훈	17
•••̲	우아사아크	8	•••̶	우아사아크라훈	18
••••̲	보론	9	••••̶	보론라훈	19

마야인이 사용한 수 표기 기호

계산할 때 $20^2 = 400$이 아니라 $18 \times 20^1 = 360$을 사용한 거예요. 따라서 그다음 자릿수부터는 18×20^2, ……, 18×20^n과 같은 수 체계가 만들어졌습니다. 왜 18과 20을 기준으로 계산했을까요? 마야인이 1년을 360일로 보고 달력을 만들었기 때문이라고 추측하고 있습니다. 이들은 1년은 18개월, 한 달은 20일로 정해 1년을

18×20=360일로 계산했어요. 훗날 천문학 기술이 발달한 덕분에 1년이 약 365.2422일인 것을 알게 되면서 1년의 날수를 수정했습니다.

그럼 43487을 마야의 수 체계로 나타내 볼까요?

$$43487 = 20 \times 2174 + 7$$
$$= 20 \times (18 \times 120 + 14) + 7$$
$$= (20 \times 18 \times 120) + (20 \times 14) + 7$$
$$= \{20 \times 18 \times (20 \times 6 + 0)\} + (20 \times 14) + 7$$
$$= (20 \times 18 \times 20 \times 6) + (20 \times 18 \times 0) + (20 \times 14) + 7$$
$$= 6(18)(20^2) + 0(18)(20) + 14(20) + 7$$

=

43487을 마야 수로 나타낸 을 보면 위에서부터 세로로 6, 0, 14, 7을 표시한 것을 알 수 있어요. 20자리와 (18)(20)=360자리, $(18)(20^2)$=7200자리 세 부분으로 나뉘어 있습니다. 즉 마야인은 1, 20, 360, 7200, 144000=$(18)(20^3)$ 등을 기준으로 수를 나타냈습니다.

그렇다면 마야 수 는 인도-아라비아 수로는 어떻게 나타낼까요?

$$= 17(18)(20^2) + 0(18)(20) + 12(20) + 6$$
$$= 122400 + 0 + 240 + 6$$
$$= 122646$$

이렇게 바빌로니아인에 이어 마야인도 위치 기수법을 적용해 수를 표현했습니다. 물론 0을 수로 생각하진 못했지만, 한정된 기본 숫자만 가지고 어떤 수라도 표현할 수 있었던 역사상 최초의 민족이었어요.

이번 장에서는 수 세기를 위한 묶음 단위인 기본수와 수 세기 방법인 진법, 그리고 수를 체계적으로 표기하기 위한 기수법도 살펴보았어요. 진법과 기수법을 각 나라에서는 어떻게 적용해 사용했는지도 다양한 예와 함께 알아보았습니다.

여러분도 다양한 진법과 기수법 가운데 하나를 선택해 자신만의 수 세기 방법과 수 표기 방법을 만들어 보세요. 각 나라가 사용한 수 표기 방법과 여러분이 만든 방법을 비교하면 재미있을 거예요.

1. 다음 그림을 보고 답해 보자.

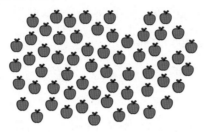

1) 사과는 모두 몇 개일까?

2) 처음 사과를 셀 때 어떤 방법으로 세었으며, 묶어서 세었다면 몇 개씩 묶어서
세었는지 말해 보자.

3) 그 개수만큼 묶어서 센 이유를 말해 보자.

4) 묶어서 세는 방법은 수를 표기하는 데 있어 기본수라는 아이디어가 되었으
며, 기본수는 진법에 활용되었다. 인류가 사용한 진법 중 두 가지를 말해 보
자. 그 진법은 어디에 사용되고 있는지도 적어 보자.

　　진법의 종류:

　　_____

　　진법이 사용되는 예:

　　_____

　　_____

2. 고대 메소포타미아, 이집트, 그리스, 로마, 중국, 인도-아라비아, 마야 등 나라별로 수 표기 방식을 살펴보았다. 이를 바탕으로 아래 과정에 따라 나만의 수 표기 방식을 만들어 보자.

1) 묶음 단위인 기본수를 정해 보자.

기본수란 수를 셀 때 묶음 단위가 되는 수이다. 원시 시대에는 2를 사용하기도 했고, 한쪽 손의 손가락 수인 5를 사용하기도 했고, 양손의 손가락 수인 10을 사용하기도 했다. 또한 양 손의 손가락과 양 발의 발가락 수인 20을 사용하기도 했다. 이 외에도 약수의 개수가 많은 12와 60을 사용하기도 했다. 이 중에서 선택해도 되고, 각자 좋아하는 수를 선택해도 된다.

2) 보기와 같이 1, 2, 3, …… 에 해당하는 기호와 수 이름을 정해 보자.

〈보기〉

1: /   2: //   3: ///   4: ////   5: 𝈫   10: ●   15: ● 𝈫   20: ●●
100: ⊙   500: ◎   1000: ⑪   5000: ◆   10000: ◈

3) 묶음 단위보다 큰 수를 표현할 자릿수 표기 방법(기수법)을 정해 보자.

4) 보기와 같이 자신이 만든 수 체계를 적용해 일기를 써 보자.

〈보기〉

일요일이었지만 학교 수행평가를 위해 오전 ●(10)시부터 그림을 그리기 시작했다. //(2)시간 동안 스케치를 한 뒤, ●●(20)분 정도 점심을 먹고 다시 색칠을 하기 시작했다. 모두 마치니 오후 𝈫(5)시가 되었다. 점심을 먹은 시간을 제외한 𝈫/ (6)시간 ●●●●(40)분 동안 그림에 몰입했던 내 모습에 나도 놀랐다. 새로운 내 모습을 알게 되어 뿌듯한 시간이었다.

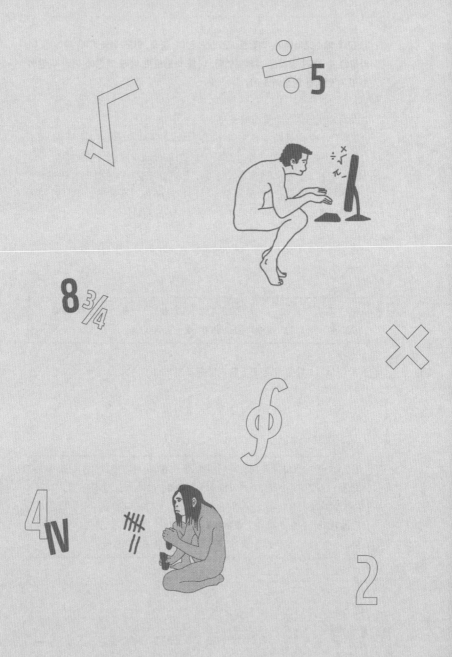

3장

±3

Σ

양을 측정하다

인류는 먹을거리가 줄어들거나 기온이 심하게 떨어지는 상황이 닥쳤을 때, 본능적으로 변화를 느끼고 대처할 수 있도록 진화했습니다. 끊임없이 변화하는 자연환경에서 살아남으려고요. 변화를 느끼고 안다는 것은 비교 감각이 있다는 말입니다. 무엇 무엇보다 춥다, 덥다 혹은 무엇 무엇보다 많다, 적다처럼요. 이것은 한편으로 양과 관련된 감각이라고 할 수 있어요. 양에 대한 감각을 바탕으로 인류는 단순히 많다, 적다가 아니라 어떤 대상의 개수가 얼마인지 정확히 세는 능력을 갖추게 되었죠.

오랜 시간에 걸쳐 다양한 대상을 수없이 세는 과정에서 인류는 3~5개 정도의 개수는 감각적으로 즉시 알아차릴 수 있게 되었습니다. 그런데 목축 기술이 발달하면서 관리하는 가축의 수가 늘어나자 세어야 하는 종류와 그 개수가 더욱 많아졌어요. 이를 해결하기 위해 인간은 묶음 단위인 기본수를 이용한 수 세기 방법을 만들고, 체계적으로 수를 표기하기 시작했습니다. 또한 농사 기술이 발달하면서 농사 지을 땅과 거두어들인 농작물을 사람들에게 골고루 나누어 주어야 했어요. 그래서 사람들은 정확한 기준을 만들기 위해 토지의 넓이, 여러 농작물의 부피나 무게를 측정하게 되었죠. 측정은 자나 저울 같은 도구를 사용해 어떤 물체의 양을 재는 것을 말해요. 측정은 일정한 양을 기준으로 해서 같은 종류를 비교하는 것에서부터 시작합니다.

이렇게 측정한 양은 수와 단위로 나타냅니다. 여기서 단위란 길이, 부피, 무게 등의 수량을 나타낼 때 기초가 되는 일정한 기준입니다. 단위는 수의 특징과 성질을 명확하게 해 주죠. 어떤 선분을 자로 측정했더니 10cm였습니다. 이때 10cm라는 양은 cm라는 단위를 가진 어떤 양의 크기가 10이며, cm는 이 양이 길이라는 특징과 성질을 가지고 있음을 나타냅니다. 따라서 단위가 무엇인지 잘 알면 양의 개념을 이해하고 측정할 수 있습니다.

단위는 측정을 위한 수단이므로 최대한 정확하고 정밀해야 합니다. 그런데 잠깐 짚고 넘어갈 점이 있습니다. 여기서 정확하다와 정밀하다는 뜻이 다릅니다. 정확하다는 것은 정해진 어떤 값에 최대한 가까워야 한다는 말이에요. 1875년 세계 17개 나라가 미터 협약을 맺고, 미터법을 사용하기로 약속했습니다. 이 조약에 따라 1887년, 길이 1m의 기준이 되는 자를 만들었습니다. 이것을 미터 원기라고 하는데, 백금과 이리듐으로 이루어진 합금으로 만들었어요. 그러나 합금도 시간이 지나면 변질되어 오차가 생길 수밖에 없습니다. 그러면 어떤 길이를 재던 간에 정확도가 떨어지겠죠. 반면 정밀하다는 것은 아주 정교하고 치밀해서 빈틈이 없다는 말이에요. 두 단어를 예를 들어 비교하면 다음과 같습니다.

어느 공간의 온도를 측정한다고 해 보죠. 이곳의 정확한 온도가 섭씨 29.36도라고 했을 때, 온도계 측정값이 29.36도에 가까울수록 '정확하다'고 할 수 있습니다. 온도를 여러 번 측정하는데 측정할 때마다 그 값이 처음 측정값과 가깝게 나올수록 '정밀하다'고 말합니다. 여러 번 온도를 재는데 첫 번째는 섭씨 29도, 두 번째는 섭씨 30도, 세 번째는 섭씨 28도가 나왔다면 정밀도가 떨어진다고 할 수 있습니다. 기본 단위가 정확하고 정밀해야 이러한 측정값도 정확하고 정밀해집니다. 다시 말해 길이의 기본 단위가 1m이므로 1m라는 길이가 항상 같아야 일반 길이를 측정할 때 정확하게 잴 수 있습니다.

지금 우리가 사용하는 단위들은 저절로 만들어진 것이 아니에요. 2장에서 살펴보았듯이, 인류가 수를 세고 표기하는 방법을 결정하기까지 끊임없이 수를 세고 읽고 기록하려고 시도했으며, 갖가지 시행착오를 거쳤습니다. 공동체를 이룬 사람들끼리 수를 어떻게 읽고 쓸 것인지 함께 의논하는 과정도 필요했고요. 단위도 마찬가지입니다. 지금 우리가 사용하는 단위가 어떤 과정을 거쳐 만들어졌는지 알면, 단위를 더 잘 이해할 수 있고 얼마나 소중한지도 느낄 수 있습니다.

그럼 단위는 언제, 왜 만들어졌을까요? 우리가 단위를 언제부터 사용하기 시작했는지는 알 수 없습니다. 과거 인류가 남긴 유물과 흔적을 통해 추측할 수 있을 뿐이에요.

지금으로부터 약 1만 년 전, 인류는 농사를 짓기 시작하면서 한곳에 정착해 집단생활을 시작했습니다. 농사 기술이 발달하고 농기구를 발명하면서 더 많은 농작물을 거두어들였죠. 먹을거리가 많아지니 인구가 늘고 자연스레 사람들의 활동 영역도 넓어졌어요. 이때부터 인간은 집단이나 마을에서 각자 다른 일을 했습니다. 누군가는 가축을 기르고, 누군가는 가축으로 옷을 만들고, 또 누군가는 농기구를 만드는 등 다양한 일을 맡아서 하기 시작했죠. 그리고 각자 생산한 것을 필요한 것과 교환하거나 거래했습니다.

문명이 시작되고부터 나라에서 사람들에게 토지를 나누어 주고, 그들이 수확한 농작물이나 토지에 세금을 매겼습니다. 이집트의 농업 문명이 좋은 예죠. 고대 이집트 정부는 토지에 세금을 매겼기 때문에 토지의 길이와 넓이를 정확하게 측정하는 것이 중요했어요. 더욱이 해마다 나일강이 범람하면 각자 가지고 있던 토지의 경계가 사라져서 경계선을 다시 표시해야 했기 때문에 꼭 필요한 작업이었어요.

이 밖에도 수확한 농작물을 어떻게 공평하게 분배할 수 있을까, 길이를 어떻게 정확하게 잴 수 있을까, 다른 마을에서 생산한 물품과 물물교환을 할 때 어떤 기준으로 해야 할까 같은 과제가 계속해서 생겼습니다.

사람들은 바로 이 문제를 해결하기 위해 측정 단위와 측정 도구를 생각하게 되었습니다. 쌀과 고기를 물물교환 하려면 쌀과 고기의 양을 잴 수 있는 기본 단위와 그 단위를 측정할 도구가 필요했겠죠. 토지를 똑같이 분배하려면 기준이 되는 넓이를 잴 수 있는 기본 단위와 도구가 필요했고요. 여기서 기본 단위는 어떤 수나 양의 단위 가운데 기본이 되는 단위, 즉 물리적 양을 재기 위한 가장 기본이 되는 측정 단위입니다.

나라와 사람들 사이의 교류가 활발해지면서 측정은 더욱 중요해졌습니다. 사회가 발전할수록 교환과 거래 대상이 다양해지므로 서로 공정하게 거래하려면 단위를 고민할 수밖에 없습니다. 그 단위를 측정할 정확한 도구도 필요하고요. 인류는 단위에 대한 고민과 연구를 거듭하다 도량형을 발전시켰습니다.

도량형度量衡이라는 말을 들어 봤나요? 도량형은 인류가 최초로 만든 단위입니다. 도량형의 한자를 풀이하면 도는 길이, 량은 부피, 형은 무게를 뜻해요. 원래 도량형은 길이, 부피, 무게 또는 자, 되, 저울 같은 측정 도구를 이르는 말이었다가, 지금은 길이, 부피, 무게를 포함해 모든 물체나 상태의 양을 헤아리는 행위와 단위를 가리키는 말로 폭넓게 사용하고 있습니다.

도량형은 자신들이 사는 지역과 문화에서 사용하기 편리하도록 만들었으므로 사는 곳을 조금만 벗어나도 달랐어요. 앞서 말했듯이, 문명이 발달할수록 과학과 기술이 발달하고 나라 사이의 교역도 활발해지니까 이전에 제각각이었던 단위가 통일되고, 이에 따라 정확한 측정 도구도 절실해졌죠. 그래서 사람들은 정확하고 정밀한 기본 단위와 측정 도구를 만들기 위해 다양한 방법을 시도했습니다.

그럼 인간은 측정에 필요한 도구와 단위를 어떻게 만들기 시작했을까요? 그리고 어떤 과정을 거쳐 지금 우리가 사용하고 있는 단위로까지 발전했을까요? 지금부터 측정 도구와 단위가 어떻게 발전했는지 그 과정을 알아보겠습니다.

어떤 측정 단위와
방법을 사용했을까

　요즘에는 자나 저울 같은 도구를 쉽게 구해서 길이나 무게를 정확하게 측정할 수 있습니다. 하지만 처음부터 정확하고 편리한 측정 단위와 도구가 있었던 것은 아니에요. 인류가 최초로 사용한 측정 도구는 주변에서 쉽게 구할 수 있는 것이었죠. 처음에는 몸의 일부나 곡식, 열매 같은 도구를 이용했습니다. 우리 몸에서는 손, 발을 사용하다가 나중에는 걸음, 머리카락, 손톱까지 측정 도구로 활용했습니다. 쌀, 옥수수, 보리, 캐럽처럼 주변에서 구하기 쉽고 단단한 곡식이나 열매도 이용했고요.

　무게를 잴 때에는 몸 말고도 돌이나 자갈을 이용했습니다. 영국식 질량 단위인 스톤stone은 여기서 유래했어요. 1스톤은 약

6.35kg, 14파운드pound, lb이고 약자는 st.입니다. 이 단위는 미터법이 나오기 전에 주로 서유럽 국가에서 사용되었고, 지금도 영국에서 몸무게의 단위로 사용되고 있습니다. 고대 이집트에서는 캐럽carob이라는 콩을 무게추로 이용해 보석의 무게를 측정했습니다. 현재 보석 무게를 잴 때 쓰는 단위인 캐럿ct의 어원이기도 해요.

이처럼 주위에서 쉽게 구할 수 있는 측정 도구 가운데 특히 활용도가 높았던 것은 몸이었습니다. 몸을 이용한 측정 방법은 다양했어요. 길이는 손바닥을 펼쳤을 때 엄지손가락부터 새끼손가락까지의 길이를 기본 단위로 설정해 측정했습니다. 또는 손바닥의 길이를 기본 단위로 설정하기도 했죠. 부피는 두 손을 모아 재려고 하는 물건을 가득 채운 양을 기본 단위로 설정해 측정했어요. 당시에는 이 방법이 최선이었겠지만, 사람마다 신체 조건이 달라서 같은 대상이나 물건을 측정해도 길이와 부피의 오차가 크다는 단점이 있었습니다.

이런 문제점을 보완하기 위해 마을별로, 지역별로, 나라별로 보다 객관적 기준이 될 만한 측정 단위를 만들기 시작했습니다. 저마다 다른 신체 조건을 이용할 때보다는 나았지만, 여전히 주로 몸을 이용했기 때문에 문제점이 발견되었고 그때그때 수정하며 사용했습니다.

큐빗

도량형을 사용한 최초의 나라는 고대 이집트와 메소포타미아로 알려져 있습니다. 이들은 팔꿈치부터 가운뎃손가락 끝까지의 길이를 기본 단위로 사용했고, 큐빗^{cubit}이라고 불렀어요. 큐빗은 기록으로 남아 있는 가장 오래된 측정 단위입니다.

큐빗은 시대와 지역에 따라 그 길이가 조금씩 달랐어요. 파라오 같은 당시 통치자의 몸을 1큐빗의 기준으로 삼았기 때문이에요.

큐빗은 고대부터 근대까지 서양과 근동 지방에서 사용했습니다. 고대 근동은 오늘날 중동에 해당하는 지역이에요. 좀 더 정확히는 메소포타미아(오늘날 이라크와 북동부 시리아), 고대 이집트, 고대 이란(엘람·메디아·파르티아·페르시아), 아나톨리아(오늘날 튀르키예), 레반트(오늘날 시리아·레바논·이스라엘·요르단)를 말합니다.

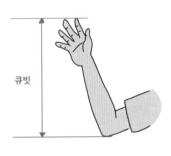

큐빗

팔과 손을 이용한 큐빗 단위가 로마, 중세 유럽을 비롯한 서

양에 알려지면서 몸을 이용한 단위의 종류가 더욱더 다양해지기 시작했어요.

스팬, 팜, 디지트

서양인들이 큐빗을 바탕으로 확장한 단위로, 스팬span, 팜palm, 디지트digit가 있습니다.

스팬은 손가락을 벌렸을 때 엄지손가락 끝에서부터 새끼손가락 끝까지의 길이예요. 스팬은 큐빗의 반으로, 1큐빗은 2스팬입니다. 팜은 엄지손가락을 제외한 네 손가락의 너비를 가리킵니다. 팜은 스팬의 3분의 1배로, 1스팬은 3팜이에요. 디지트는 성인 손가락 1개의 폭을 가리킵니다. 디지트는 팜의 4분의 1배, 즉 1팜은 4디지트예요.

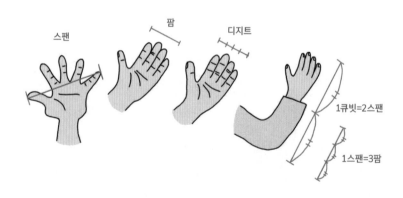

스팬   팜   디지트

1큐빗=2스팬

1스팬=3팜

그림을 보면 큐빗, 스팬, 팜, 디지트의 관계를 이해하기 쉬울 거예요. 예를 들어 1큐빗=2스팬=6팜=24디지트입니다.

피트

고고학자들에 따르면, 큐빗은 주로 이집트인, 고대 인도인, 메소포타미아인이 선호했고, 피트feet는 로마인과 그리스인이 선호했다고 합니다.

피트는 고대 그리스에서 발 길이를 기준으로 사용했던 길이 단위인 푸스pus에서 유래했습니다. 피트는 일반적으로 성인 남성의 평균 발 길이나 신발 크기인 발뒤꿈치에서부터 엄지발가락 끝까지의 길이예요. 사람마다 발 길이가 다르기 때문에 피트의 길이는 272~357mm로 다양했죠.

피트도 주로 그 시대 통치자의 발 길이를 기준으로 했습니다. 따라서 국왕이 바뀌면 피트의 길이도 바뀔 수밖에 없었어요. 게다가 남성의 발은 키의 6분의 1가량이므로 인종과 종족의 평균 키에 따라서도 달라졌죠. 그리스인의 발은 로마인보다 커서 그리스 피트(302mm)가 로마 피트(295.7mm)보다 길었다고 해요.

영국은 피트를 사용하다가 18세기 후반 미터법을 채택했습니다. 그런데 시간이 흘러도 사람들은 여전히 피트를 사용하는 데 익숙했고, 미터와 피트의 단위 기준이 달라서 생활 속에서 어려움을 겪었어요. 그래서 영국 정부는 미터와 피트의 단위 환산을 쉽게 할 수 있도록 비공식적으로 1피트를 30cm로 규격화했습니다. 현재 세계적으로 쓰이는 표준 1피트는 30.48cm입니다. 피트의 기호는 ft, 약호(간단하고 알기 쉬운 부호)는 '(프라임)을 사용하고 있습니다. 피트는 영어가 모국어인 나라에서 많이 사용했지만, 세계적으로 미터법이 퍼진 뒤 사용하는 곳이 줄고 있습니다.

인치

인치inch는 고대 그리스에서 푸스 외에 손가락 굵기를 기준으로 사용했던 길이 단위인 닥틸로스에서 유래했어요. 고대 그리스와 로마에서는 1푸스를 16닥틸로스로 정했습니다. 나중에 로마는 웅키아Uncia를 피트의 하위 단위로 채택했는데, 웅키아는 12분의 1을 뜻하는 라틴어예요. 1웅키아는 성인 남성의 엄지손가락 너비와 비슷한 길이로, 웅키아에서 인치와 온스가 유래했습니다. 이렇게 고대 로마인은 1피트를 12웅키아로 나누었어요. 즉 인치는 피트를 12등분한 단위로, 1인치는 12분의 1피트입니다.

인치도 사람마다 달라서 단위로 사용하기에 한계가 있었어요. 그래서 잉글랜드 왕국의 윌리엄 1세는 1066년, 1인치를 보리알 세

톨을 줄지어 놓은 길이로 정했습니다. 1324년 에드워드 2세는 윌리엄 1세의 결정을 법률 조문에 '1인치는 마르고 둥근 보리알 세 톨을 세로로 잇대어 놓은 길이'라고 명시했습니다.

인도에서도 인치를 사용했으나 영국 인치의 1.32배인 3.35cm로 길이가 달랐어요. 중국에서 사용한 단위 가운데 하나인 촌寸도 인치와 비슷한 개념이지만, 엄지손가락 너비가 아니라 엄지손가락 첫마디의 길이를 기준으로 했습니다. 영국 인치의 약 1.312배인 3.3cm 정도입니다. 이렇게 인치도 시대별, 나라별로 제각각이었어요.

그러다가 1959년 7월, 국제 회의를 통해 나라마다 달랐던 피트와 인치의 길이를 하나로 통일했습니다. 현재 세계적으로 두루 쓰이는 표준 1인치는 2.54cm로, 1피트인 30.48cm를 12등분한 길이예요. 인치의 기호는 in이며 약호는 "(더블프라임)입니다.

우리나라에서도 텔레비전이나 컴퓨터 모니터 화면의 길이를 표기할 때, 몸 치수를 잴 때 종종 인치 단위를 사용해요. 미국과 캐나다에서는 길이는 주로 인치를 사용하고, 키는 피트와 인치를 사용하고 있습니다.

야드

야드yard의 기원은 확실하지 않지만, 1야드가 두세 걸음으로 측정한 길이라는 설이 있습니다. 성인의 평균 발 길이가 1피트이니까 대략 성인 발 3개의 길이를 1보폭으로 정한 거죠. 이 설에 따르면, 야드는 피트의 약 3배입니다.

이것 말고도 야드의 기원에 관한 여러 가지 설이 있습니다. 그 가운데 하나는 야드가 데인법 지역에서 쓰던 조세 단위인 야드랜드yardland에서 왔다는 설입니다. 데인법은 860년대부터 954년까지 잉글랜드로 이주한 데인족이 자리 잡은 지역입니다. 1야드랜드는 1야드의 땅을 가리키며, 1하이드hide의 약 4분의 1에 해당해요. 1하이드는 한 가족을 부양할 수 있는 토지로, 고정 단위가 아닌 토지의 가치나 비옥한 정도를 평가하는 단위였습니다. 따라서 당시에는 1야드를 토지의 면적보다는 재산 가치의 척도로 사용했습니다. 토지가 얼마나 비옥하고 생산성이 좋은지에 따라 하이드의 수치가 달라졌기 때문이에요.

야드가 길이를 재는 도구인 야드스틱yardstick에서 유래했다는 설도 있습니다. 중세 시대에 야드는 면적이 아닌 길이를 재는 척도였어요. 이때 약 16피트(약 5m) 길이의 야드스틱을 이용해 토지의 변을 잰 뒤 변끼리 곱해서 면적을 계산했습니다. 1588년 엘리

자베스 1세의 명령으로 최초의 공인 야드스틱을 만든 뒤 계속 단점을 보완해 개선했다고 해요.

약 900년 전, 영국 윌리엄 1세의 셋째 아들인 헨리 1세가 정했다는 설도 있습니다. 헨리 1세의 코끝에서부터 쭉 뻗은 한쪽 팔의 엄지손가락 끝까지의 길이를 1야드로 정했다고 해요.

현재 쓰이는 1야드의 길이는 3피트이고, 1피트는 12인치이므로 1야드는 36인치입니다. 1피트가 30.48cm이므로 1야드를 cm로 환산하면 30.48×3=91.44cm입니다. 야드의 기호는 yd입니다.

척과 촌

중국도 초기에는 길이의 기준을 정할 때 몸을 이용했습니다. 기본 단위는 척尺과 촌寸으로, 서양에서 사용한 피트, 인치와 비슷한 개념이에요. 척은 발 길이가 기준이었으며, 미터법으로 환산하면 16~24cm라는 주장도 있고, 손을 폈을 때 엄지손가락 끝에서 가운뎃손가락 끝까지의 길이라는 주장도 있습니다. 촌은 본래 엄지손가락 굵기였으나 기원전 400년 이전에 척의 10분의 1로 정해졌어요. 따라서 척은 촌의 10배입니다.

척과 촌도 사람의 몸을 기준으로 정하다 보니 시대마다 그 수치가 달랐습니다. 기원전 221년, 중국을 통일한 진시황은 넓은 중국의 영토를 다스리기 위해 도량형을 통일하려고 노력했어요. 통일된 도량형은 한나라 시대에 저울 등 측정 도구를 만들면서 정착되기 시작됐습니다.

이렇게 고대 중국에서 시작되어 동아시아 지역에서 널리 사용된 도량형 단위계(여러 단위로 이루어진 단위 집단)를 척관법尺貫法이라고 합니다. 척관법에서 척은 길이를 나타내는 단위 가운데 하나이고, 관은 무게를 나타내는 단위 가운데 하나예요. 척관법은 길이와 무게 그리고 길이로부터 나올 수 있는 넓이와 부피 등을 측정하는 방법을 뜻하죠. 척관법은 진한 시대 이후부터 정착되었는데, 몸의 일부나 자연물, 황종율관을 단위의 기준으로 삼았습니다.

대표적인 기준 자연물로는 중국의 주식인 검은 기장이 있습니다. 검은 기장 1알의 세로 길이를 1푼, 기장 10알을 세로로 쭉 늘어놓은 길이를 10푼이라고 정했죠. 10푼은 1치라고 했고요. 검은 기장으로 무게도 쟀어요. 검은 기장 1200알의 무게를 12수銖로 하고, 24수(2400알)는 1량兩, 16량은 1근斤, 30근은 1균鈞, 4균은 1석石으로 정했습니다.

황종율관은 대나무나 구리로 만든 피리예요. 황종은 음의 기본이 되는 소리이고, 율관은 음을 조율하는 도구라는 뜻이죠. 황종율관으로 길이, 무게, 부피를 재기도 했습니다. 황종율관의 규격을 정하는 방법은 다양했는데, 그 가운데 기장의 길이로 율관의 규격을 정하는 기장법이 널리 사용되었습니다. 중국인에게 가장 이상적인 기준음을 낼 수 있는 피리의 길이는 9치였죠. 9치는 기장 90알을 세로로 늘어놓은 길이로, 9치짜리 피리의 원통 안에는 기장 1200알이 들어가요.

중국의 영향을 받았던 우리나라에서는 손을 폈을 때 엄지손가락 끝에서부터 가운뎃손가락 끝까지의 길이인 척을 자라고 했고, 자의 10분의 1에 해당하는 치를 사용했습니다. 자와 치는 척과 촌의 순우리말로, 길이를 재는 도구인 자라는 말도 여기에서 나왔죠.

우리나라에서 척관법을 들여온 시기는 삼국 시대로 알려져 있습니다. 《삼국사기》나 《삼국유사》 같은 우리나라의 역사 자료를 보면 '척, 촌, 장, 석, 근' 등이 나옵니다. 이전에는 길이의 단위로 뼘, 발 등을 사용했어요. 이때 뼘은 엄지손가락과 다른 손가락을 쭉 폈을 때의 길이이며, 발은 두 팔을 잔뜩 벌린 길이였어요.

1964년 우리나라에서 미터법이 시행되면서 척관법은 야드, 파운드와 함께 사용이 금지되었어요. 그러나 여전히 집의 넓이를 재는 평, 채소나 고기의 무게를 재는 근, 곡식의 양을 재는 되 같은 전통적인 단위를 함께 사용하고 있습니다.

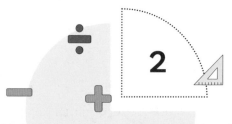

측정 도구와 단위의 기준은 왜 필요하고
어떻게 만들었을까

우리는 다른 사람과 여러 상황에서 다양한 관계를 맺고 살아 갑니다. 측정도 사람과의 관계 속에서 이루어지는 활동이에요. 누 군가와 무언가를 분배하고 교환하거나 거래하려면 반드시 측정이 필요하기 때문이죠.

그런데 측정을 하려면 기준이 되는 기본 단위를 정해야 합니 다. 기본 단위는 사람들이 각자 필요한 것을 바꾸기 시작하면서 생긴 것으로 추측해요. 두 사람이 서로 한 끼를 해결할 양 만큼의 쌀과 고기를 교환해야 하는 상황을 상상해 보세요. 한 끼를 해결 할 수 있는 쌀과 고기의 적당한 양은 사람마다 생각하는 게 다를 거예요. 이때 교환하려는 물건 하나하나마다 기본 단위를 정해 놓지 않으면 싸움이 일어날 수 있으니 서로 협의해서 기본 단위를 정해야 합니다.

측정은 개인과 나라 사이에서도 이루어질 수 있습니다. 이를 테면 나라에서 개인에게 분배한 토지에 매긴 세금을 걷을 때 측정이 필요하죠. 더 나아가 측정은 나라끼리 교역을 할 때도 필요합니다. 나라마다 생산품이 다양하므로 각각의 물품에 해당하는 기본 단위와 양을 정해 가격을 매겨야 하니까요. 두 나라가 쌀과 사과를 거래한다고 해 보죠. 쌀과 사과의 무게 단위가 두 나라끼리 같아야 하고, 쌀의 기본 단위당 사과는 어느 정도의 무게와 값어치를 매길지 합의해서 측정해야 합니다.

이렇게 사람들은 자연스레 단위를 점점 세분화하여 나누게 되었어요. 시대마다 기준이 되는 단위가 있었고, 거래 대상이 많아지고, 양에 걸맞은 단위가 필요해지다 보니 길이, 무게, 부피 다양한 종류의 단위를 정해야 했죠. 또한 길이 안에서도 다양한 단위를 만들어야 효율적으로 측정할 수 있습니다. 길이가 100만m라면 mm, cm보다 m나 km 단위를 사용하는 게 더 효율적입니다. 이와 함께 단위를 측정하는 도구도 갈수록 정확하고 정밀하게 만들었어요. 단위의 발전 과정은 인류의 역사와 함께해 왔습니다.

그럼 기본 단위를 정하려고 만든 초기의 측정 도구를 알아볼까요? 우선 부피나 무게를 측정하기 위한 저울추와 양팔저울이 있습니다.

지금까지 알려진 가장 오래된 도량형기는 이집트에서 발견된 9000년 전에 만들어진 저울추와 7000년 전에 만들어진 양팔저울입니다. 둘 다 석회암으로 만들어졌습니다. 최근에는 우리나라의 강원도 정선 매둔동굴에서 약 2만 9000년 전 무렵인 후기 구석기시대에 사용한 것으로 추정되는 그물추가 발견되었습니다.

앞에서 설명한 것처럼 길이나 무게를 측정할 때는 우리 몸과 주위에서 쉽게 구할 수 있는 재료를 이용했습니다. 그러나 몸의 길이는 사람마다 다르고, 곡식이나 열매는 계절과 지역에 따라 재배 환경이 달라 크기나 무게도 달라질 수 있습니다. 한 나라 안에서도 사람마다, 시기마다, 지역마다 같은 종류의 도구로 측정해도 측정 수치가 제각각일 수 있죠.

이러한 문제점을 보완하려면 측정하기 알맞은 도구와 단위의 조건을 정해야 합니다.

첫째, 측정 도구는 주변에서 쉽게 구할 수 있는 도구여야 하고, 크기나 무게 등이 일정해야 합니다. 곡식이나 열매를 척도로 하면 크기와 모양이 약간씩 다르므로 같은 시기에 거둔 농작물의 평균 크기를 설정해야 합니다. 예를 들어 쌀알을 기본 단위의 도구로 사용한다면 쌀알의 평균 크기와 무게를 정해야 합니다. 같은 시기와 장소에서 재배했더라도 각각의 크기와 무게가 조금씩 다르기 때문이에요.

둘째, 측정 도구는 오랜 시간이 지나도 변질되지 않아야 합니다. 서아프리카의 가나, 토고, 코트디부아르의 아칸족은 저울로 무게를 잴 때 처음엔 씨앗, 돌 등을 저울추로 사용하다 중세 시대에 이슬람 상인들과 교역을 하면서 정사면체나 원뿔 모양의 금속 추를 사용했습니다. 그런데 아무리 금속이라도 철 같은 재료로 만든 도구는 오랜 시간이 지나면 녹이 슬거나 변질될 수 있습니다. 따라서 시간이 지날수록 측정값이 달라질 수 있으므로 이러한 점을 보완할 수 있는 도구를 사용해야 합니다.

셋째, 측정 도구는 사용하기에 적절한 크기여야 합니다. 그래야 쓰기 편하고 효율적으로 측정할 수 있으니까요. 1000cm 길이를 잴 때 1cm 단위보다 10cm나 100cm를 단위로 하는 도구가 적당하듯이, 측정 대상의 규모에 맞는 길이를 가진 도구를 골라야 합니다.

넷째, 단위는 사용하는 모든 사람이 신뢰할 수 있어야 합니다. 몸을 이용할 경우 시대와 나라마다 단위가 제각각이니 측정도 제대로 될 리 없을 거예요. 이를 보완하려면 모두가 신뢰할 수 있는 기본 단위를 만들어야 합니다. 국제적으로 길이 단위를 정할 때, 과학자들이 빛이 진공 상태에서 이동한 길이를 기준으로 삼은 것도 그 노력으로 볼 수 있어요.

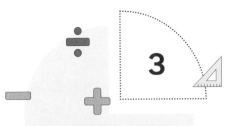

3

통일되지 않은 측정 도구와 단위 때문에 어떤 문제가 생겼을까

측정이 시작되면서 인간은 단위를 어떻게 정할지, 정확하게 측정하려면 도구를 어떻게 만들어야 할지 계속 고민했습니다. 여기서 측정, 측정 도구, 측정 단위의 개념을 한 번 더 짚고 넘어갈게요. 측정은 여러 가지 속성의 양을 비교하고, 단위를 이용하여 재거나 어림해봄으로써 양을 수치화하는 것입니다. 측정 도구는 측정할 때 사용하는 기계나 장치이고요. 또한 측정 단위는 길이, 부피, 질량 등과 같이 측정할 수 있는 물리량의 절대 등급으로, 언제 어디서나 같은 물리량을 측정하기 위해 만든 표준입니다.

측정에 대한 고민은 다양한 측정 기술이 발달하는 계기가 됩니다. 그런데 측정 도구와 단위를 만들어 사용하게 되면서 한 가지 문제가 해결되면 또 다른 문제가 생겼어요. 문명 초기에는 마을마다 각자의 조건과 상황에 맞는 측정 도구와 단위를 정하기만 하면 됐는데, 통치자가 바뀌고 나라가 커질수록 교역을 해야 하는 지역이 넓어졌거든요.

앞에서도 설명했듯이, 도량형은 길이, 부피, 무게와 이를 측정하는 도구를 아울러 가리키는 말입니다. 도량형이라는 말에 측정 도구와 단위가 포함되어 있다고 할 수 있어요. 도량형의 기준이 만들어져야 측정 단위와 그 단위에 걸맞은 측정 도구가 만들어질 수 있습니다. 전 세계의 역사를 살펴보면 도량형의 통일은 통치의 뿌리가 되는 세금을 공평하게 거둬들이기 위해 반드시 필요했습니다. 또한 건축, 제조, 상거래처럼 온갖 활동이 원활하게 이루어지기 위해서도 필요했고요.

측정이 시작되었지만, 한 나라 안에서도 도량형 통일이 이루어지지 않았던 시대에는 나라와 지역마다 다른 측정 단위와 도구를 사용하면서 어떤 문제가 생겼는지 살펴보겠습니다.

고대 이집트

고대 이집트는 길이를 표준화하려고 파라오의 몸 길이를 기본 단위로 설정했지만 왕이 바뀔 때마다 길이를 바꿔야 했습니다. 이집트인은 이 문제를 해결하려고 기원전 2500년경 왕립주 큐빗^{royal} ^{master cubit}이라는 약 52cm의 검은 대리석 막대의 길이를 이용해 길이 단위를 표준화했습니다. 길이 단위를 표준화하자 거리, 넓이, 부피를 측정할 때도 적용할 수 있게 되었죠.

이러한 노력에도 불구하고 많은 지역 상인은 왕실에서 만든 표준 길이와는 별개로 자신만의 단위로 길이를 측정했어요. 이전에 사용했던 단위가 더 편리했던 데다 지역이 넓어서 표준화한 측정 도구와 단위가 곳곳에 빈틈없이 전파되지도 못했기 때문이에요.

중국

중국은 선사 시대부터 도량형이 발달하기 시작해 기원전 1600년부터 기원전 256년에 해당하는 상주 시대에는 어느 정도 기본 형태를 갖추었어요. 하지만 지역마다 다양한 측정 방법을 사용하면서 불편해지자 춘추 시대 말 이후 각 나라의 개혁 과정에서 도량형을 통일하려고 노력했습니다. 길이, 질량, 부피의 단위가 동네와 지역마다 다르면 사회적으로 큰 혼란이 생길 수밖에 없습니다. 그래서 왕권을 더욱 굳건하게 유지하고 싶은 왕들은 도량형 통일을 중요하게 여겼습니다. 이들은 전국에 도량형을 통일한다는 문서를 보내 백성들에게 알렸습니다.

이후 한나라의 정치가 왕망이 진시황이 통일한 도량형 체계를 토대로 도량형을 재정비하려고 노력했습니다. 왕망은 최악의 폭군으로 불리지만, 이러한 점에서는 긍정적 평가를 받고 있죠. 도량형의 정의를 기록으로 남기도록 하는 전통을 세웠으며, 청동으로 만든 측정 도구를 처음으로 보급했거든요. 왕망이 세운 신나라는 금방 망했습니다. 하지만 그 뒤로 2000년가량 왕조가 바뀔 때마다 새 왕조의 황제는 기존의 도량형을 다시 검토해 문제점을 개선한 새로운 도량형을 반포하고, 새 도량형의 성과와 문제점을 기록해 정확도를 높이려고 노력했어요.

아프리카

가나, 토고, 코트디부아르에 사는 아칸족은 처음에 씨앗, 돌 등의 저울추를 이용해 측정했습니다. 중세 시대가 되자 아칸족은 이슬람 상인과 교역하면서 상인들이 가져온 정사면체나 원뿔 모양의 금속추를 사용하기 시작했어요. 또한 포르투갈인을 시작으로 영국인, 프랑스인, 네덜란드인 등 유럽인이 가져온 새로운 저울추를 접하게 되었죠. 이렇게 그들은 계속 새로운 측정 도구를 받아들이면서 자연스럽게 측정하는 방법을 익혔습니다.

그런데 이 과정이 마냥 순탄하지는 않았습니다. 아칸족이 사용하는 추는 이슬람 상인이나 유럽인이 사용하는 추와 달랐기 때문에 적응하는 데 시간이 걸렸어요. 각자 익숙한 측정 도구를 사용하고 싶었겠죠. 실제로 포르투갈 선원들은 아칸족 족장에게 자신들이 사용하는, 악어가 새겨진 금분동(금으로 만든 무게 추)으로 금을 거래하자고 강요하기도 했어요.

유럽

유럽은 도량형으로 오랜 기간 혼란스러운 시기를 거쳤습니다. 유럽의 각 나라는 자신들에게 맞는 도량형을 만들어 사용했어요. 하지만 너무 다른 도량형 때문에 사회적으로 갈등이 생기고 혼란스러워졌습니다.

고대 로마는 길이 단위는 페스^{pes}를, 무게 단위는 리브라^{libra}를 사용했어요. 프랑스는 길이 단위는 피에^{pied}를, 무게 단위는 리브르^{livre}를 사용했고요. 독일은 무게 단위로 푼트^{pfund}를 사용했죠. 영어권 국가에서는 길이 단위로 피트, 인치, 패덤^{fathom}을, 무게 단위로 파운드를 사용했습니다.

이렇게 도량형이 뒤죽박죽되자 5세기쯤 각 나라의 통치자들은 도량형을 통일하려고 했습니다. 영주와 농노로 계급이 뚜렷하게 나뉘는 봉건 사회에서 도량형이 불안정하다는 건, 사회 전반을 강력하게 장악하는 힘이 약하다는 것을 뜻하므로 통치자 입장에서는 관심을 가질 수밖에 없었어요.

뒤죽박죽된 도량형으로 가장 혼란이 심한 나라가 프랑스였습니다. 프랑스에서는 789년에 샤를마뉴가 아바스 왕조의 칼리프였던 하룬 알 라시드가 보낸, 길이 표준 측정 도구를 받아들이면서 도량형 통일의 첫 발을 내디뎠어요. 그 뒤 장 2세는 길이와 무게 표준 측정 도구를 만들었습니다. 이렇게 해서 점차 왕실에서 정한 도량형이 체계적으로 자리 잡기 시작했죠. 그런데 시간이 지나도 혼란은 계속됐습니다. 왕실에서 도량형을 만들었는데도 백성들은 지역별, 직업별로 각자 필요한 단위를 만들어서 사용한 거예요. 심지어 같은 지역에서도 시장에서 장을 볼 때, 영주에게 소작료를 바칠 때의 기준이 달랐어요. 농민, 어부, 상인 등 직업도 다양해졌고, 유럽 여러 나라와 교역했기 때문에 상황과 상대방에 따라 도량형이 바뀌었습니다.

영국에서도 도량형 통일을 위해 노력했습니다. 1215년 존 왕의 잘못된 정치와 무거운 세금을 견디지 못한 귀족들이 국민을 등에 업고 국왕을 협박해 계약서를 작성하게 만든 사건이 일어납니다. 이 계약서를 '마그나 카르타'라고 해요. 영국은 마그나 카르타가 선포된 1215년부터 찰스 1세가 왕이 될 때까지 400년이 지나는 동안 도량형을 하나로 통일해야 한다는 의회법을 여러 번 제정했습니다. 하지만 법령이 효력을 발휘하지 못하고 규정도 지켜지지 않았어요. 결국 도량형 표준을 시행하기 위한 입법은 끝내 이루어지지 않았죠.

그럼에도 유럽의 나라들은 기본 단위를 정하려고 계속 노력했습니다. 그러다가 드디어 17세기 후반에 전 세계가 공통으로 사용하는 기본 단위를 만들어야 한다는 의견이 과학자들로부터 나왔습니다. 이러한 문제의식에서 만들어진 것이 바로 '미터법'입니다.

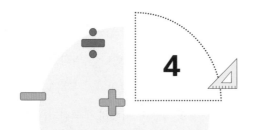

미터법은 어떻게 만들어졌을까

　서양에서는 5세기에 서로마 제국이 멸망한 뒤 수백 년 동안 이전에 사용하던 단위를 계속 사용했습니다. 새로 측정할 것이 거의 없다고 생각했죠. 과학과 예술이 발달하기 시작한 르네상스 시기 이후에야 비로소 측정에 관심을 가지면서 좀 더 정확하고 안정적인 단위가 생겨났어요. 예를 들어 당시 사람들은 시간을 나타낼 때 양초에 같은 간격의 눈금을 새기고 정해진 시간 안에 일정하게 타도록 만들어서 시계로 썼는데, 마을마다 정확한 시각은 다를지라도 일정 시간의 길이는 같았습니다.

　이러한 흐름 속에서 시간은 흘러 16~17세기에 이르자 과학에 접근하는 방식이 변하기 시작하면서 측정에 대한 관심이 더 높아졌어요. 모든 것을 측정해 수치로 만들려는 움직임이 시작되었습니다. 수치화에 앞장선 대표적인 과학자가 아이작 뉴턴입니다. 이후 프랑스 대혁명을 계기로 미터법이 만들어지면서 대대적으로 단위를 다시 고치고 만듭니다. 이때 시작된 미터법이 지금 우리가 사용하는 단위 체계의 바탕이 된 거예요. 지금부터 미터법이 어떻게 만들어지고 발달했는지 살펴보겠습니다.

미터법이 만들어진 배경

프랑스 대혁명

미터법이 만들어진 본격적인 계기는 프랑스 대혁명입니다. 프랑스는 약 200년 전까지 귀족과 평민의 생활이 극과 극이었어요. 귀족은 넓은 토지를 소유하며 사치스러운 생활을 했고, 일반 백성은 아주 가난했죠. 더욱이 지방, 교구, 마을마다 도량형까지 제각각이어서 백성들은 많은 피해를 입었어요. 상인들이 자신들만 사용하는 도량형으로 양이나 가격을 속여 이익을 차지했거든요. 또한 귀족 영주는 농민에게 곡물을 받을 때는 큰 자루로 받다가, 곡물을 빻아서 줄 때는 작은 자루에 주는 방법으로 이전의 도량형을 좋지 않은 쪽으로 사용했어요.

한편 과학계에서도 발전해 가는 과학 수준에 미치지 못하는 측정 단위와 측정 도구를 보며 도량형을 개혁하자고 목소리를 높였습니다.

이렇듯 여러 이유로 1754년과 1765년, 당시 프랑스 재정 총감은 도량형 개혁을 검토했습니다. 하지만 왕은 그때마다 반대했어요. 기존 세력들의 저항과 새로운 도량형을 만들 경우 나타날지 모르는 혼란이 두려웠기 때문이죠. 사람들은 점점 귀족을 중심으로 하는 왕의 정치에 거부감을 드러내기 시작했습니다.

1789년 7월 14일, 약 1만 명의 시민이 정치범이 수용되어 있는 바스티유 감옥을 습격하면서 프랑스 대혁명을 일으켰습니다. 프랑스 대혁명은 시민이 주인이 되는 민주주의 시대의 시작을 알리는 역사적 사건이었죠.

당시에는 소수의 왕족과 귀족, 성직자들이 모든 권력과 경제력을 가지고 있었어요. 혁명가들은 그들을 몰아내고, 더 나은 방향으로 사회를 개혁하려고 했습니다. 사회를 개혁하는 일 가운데 하나가 공통으로 사용할 새로운 기본 단위를 만드는 것이었습니다. 제각각인 단위를 사용하면 분쟁과 갈등으로 나라의 질서가 어지러워져 더욱 혼란스러워질 수 있으니까요. 특히 새로운 나라를 바라는 혁명가들에게 도량형 통일은 시민들이 조화롭게 균형을 이룬 사회에서 평등하게 살 수 있도록 하는 중요한 사업 가운데 하나였어요.

과학 연구의 관점 변화

당시 과학자들은 다양한 양을 정밀하게 측정하고 싶어서 여러 측정 도구를 개발하거나 이전에 쓰던 도구를 개선하려고 노력했어요. 중세 시대 말쯤부터 과학계는 사람들이 측정 단위를 결정하는 데에 큰 영향을 주었습니다. 그 이유를 이해하려면 시대에 따라 과학을 바라보는 관점이 어떻게 변했는지 알아야 해요.

고대 그리스의 자연철학자 아리스토텔레스 이후부터 중세 시대 말까지 사람들은 천상과 지상이 전혀 다른 세계라고 보았어요. 그런데 왜 아리스토텔레스 이후부터 이런 생각을 가진 것일까요? 아리스토텔레스가 활동하던 시기부터 과학적이고 합리적인 철학 체계의 기초를 세우기 시작했기 때문이에요.

아리스토텔레스 이후의 자연철학자와 과학자들은 천상과 지상에 걸맞은 척도가 따로 있다고 생각했습니다. 천상은 신에 의해 움직이는 완전한 세상이기 때문에 영원히 변하지 않는 법칙과 원리, 즉 질서가 있다고 생각했어요. 반면 우리가 살고 있는 자연계는 굉장히 다양하고 끝없이 변화한다고 생각했죠. 그러나 복잡해 보이는 자연계에도 규칙적이고 일정한 법칙이 있으므로 그 법칙을 잘 찾으면 세계를 이해할 수 있다고 생각했습니다. 세계를 이해하려면 지상에 존재하는 눈에 보이는 것을 잘 관찰하면 된다고 보았고요. 따라서 당시에는 경험이 중요했어요. 인간이 경험한 것을 일반화해 과학적 규칙을 만들었고, 물질의 성분이나 성질을 밝히는 데 집중됐습니다.

15세기에서 16세기에 걸쳐 유럽에서 르네상스 운동이 일어난 뒤부터 자연을 규정하는 방법이 바뀌었습니다. 1687년 뉴턴의 《프린키피아》(자연 철학의 수학적 원리)가 출간되었을 무렵에는 세상의 모든 자연 현상을 측정할 수 있다고 여겼어요. 《프린키피아》는 뉴턴 역학과 우주에 관해 오랫동안 연구한 내용을 담은 책으로, 물체의 운동과 힘과의 관계를 관성, 가속도, 작용·반작용의 법칙과 만유인력으로 설명했습니다. 만유인력의 법칙을 처음으로 세상에 널리 알린 책이기도 해요. 이때부터 천상과 지상은 별개의 다른 공간으로 존재하는 것이 아니라 같은 공간에 속하며, 같은 수학 법칙을 따른다고 생각했어요. 경험보다는 측정이 중요해졌습니다. 경험한 것을 일반화했던 방법 대신 측정한 결과에서만 법칙을 찾기 시작했습니다.

이에 따라 과학이 물질의 성분이나 성질을 밝히는 정성적 단계에서 양을 헤아려 정하는 정량적 단계로 발돋움했어요. 그러자 과학을 연구하는 방식에도 변화가 생기기 시작했습니다. 개별적으로 연구하던 학자들이 과학협회나 과학 단체 등을 세워 연구의 객관성을 보장하려고 했어요. 연구자가 모여서 함께 연구하면 검증하고 토론하면서 더욱 객관적인 연구 결과를 얻을 수 있죠. 이때 설립된 과학 협회나 단체 등을 과학 아카데미라고 합니다.

과학 아카데미

과학 아카데미는 16세기 후반 르네상스 시기부터 18세기까지 유럽 각지에서 과학 연구와 보급을 목적으로 활동한, 학자와 과학을 사랑한 사람들이 모인 단체들을 말합니다. 주요 과학 아카데미로는 린체이 아카데미(스라소니 아카데미), 영국왕립학회, 프랑스 과학 아카데미(과학한림원) 등이 있습니다.

이 가운데 미터법을 만드는 데 아주 커다란 영향을 준 프랑스 과학 아카데미를 살펴볼게요. 프랑스 과학 아카데미는 루이 14세의 재무장관 장 바티스트 콜베르가 프랑스 과학을 발전시키고 보호하려고 세웠습니다. 그는 1666년 12월 22일, 왕의 도서관에서 몇몇 학자를 선발해 일주일에 두 번씩 토론회를 열었습니다.

1699년 1월 20일, 루이 14세가 한림원과 관련된 법령을 만들었는데, 그전까지 30년 동안은 비공식 기관이었죠. 법령이 만들어진 뒤 왕립 과학한림원이라는 이름을 얻었고, 루브르 박물관에 설치되었습니다.

프랑스 과학 아카데미는 유럽 곳곳의 학자들과 편지로 연구 성과를 주고받으며, 유럽 과학에서 중심 역할을 했습니다. 유럽의 과학자들은 과학적 근거를 통해 결과를 밝히고, 다른 학자들과 연구 결과를 나누는 데 적극적으로 참여했어요. 이들은 과학 연구를 할 때 관찰하고 실험한 결과를 추론하고 확인하는 정량적인 방법을 썼습니다.

과학 아카데미 회원들은 나라에 도움이 되는 과학에 대해서도 고민했습니다. 그 방법 가운데 하나로 도량형의 개혁을 주장했습니다. 이들은 새로운 도량형 체계는 어느 한 사람이나 나라가 마음대로 정해서는 안 되고, 표준 원기를 잃어버리더라도 다시 쉽게 만들 수 있어야 한다고 주장했어요. 왜 이런 주장을 했을까요. 표준 원기는 전 세계에서 인정하는 공통의 도량형 측정 도구예요. 만약 1m 단위의 기준을 결정하고 측정 도구를 만들었는데, 어떤 사건 때문에 측정 도구가 없어지면 전 세계가 곤란해질 겁니다. 그래서 이런 사고가 생겨도 바로 표준이 되는 측정 도구를 만들

수 있어야 한다는 말입니다. 지금은 1m의 기준을 빛의 속도로 정했기 때문에 표준 원기가 파손되거나 없어진다고 해서 혼란스러울 일은 사라졌습니다.

과학 아카데미 회원들은 자연에서 얻은 도량형에서 기본 단위를 만들어야 한다고 주장했어요. 무엇보다 합리적이고 보편적이어야 하며, 단순해서 사용하기 편리해야 한다고도 했죠. 또한 기본 단위를 사용할 때는 10진법을 채택해 쓰기 편하도록 하고, 정부가 아닌 과학자가 미터법 만드는 일을 책임져야 한다고 했습니다.

프랑스에서 처음 만든 미터법

드디어 만들어진 미터법

프랑스 대혁명이 일어나기 전까지 프랑스는 최고의 측정 기술을 가지고 있었어요. 하지만 프랑스 대혁명으로 사회가 큰 혼란에 빠지자, 프랑스 과학 아카데미는 이를 기회로 자신들의 위상을 높이려고 했습니다. 그래서 프랑스 과학 아카데미 회원들은 샤를 모리스 드 탈레랑 페리고스를 자신들의 대변자로 초청했어요. 탈레랑은 프랑스의 정치인이자 외교관이었죠.

1790년 탈레랑은 과학 아카데미 회원들과 논의해 당시 입법 기구였던 국민의회에 도량형 개혁안을 내놓았습니다. 국민의회는 탈레랑의 개혁안을 승인했고요. 1790년 8월 22일, 루이 16세도 탈레랑의 개혁안을 허가했어요. 이때 프랑스에서는 귀족과 평민 사이의 생활 수준의 차이가 너무 커지자 또 다른 폭동까지 일어났습니다. 여기엔 귀족에게만 유리한 도량형이 한몫했습니다. 귀족들이 제멋대로 사용한 도량형으로 평민들이 피해를 입고 생활도 어려웠으니까요. 프랑스 국민 사이에서 도량형을 개혁하자는 여론이 들끓자 탈레랑 개혁안이 힘을 받게 되었습니다.

1790년 프랑스 과학 아카데미는 미터법을 중심으로 한 도량형 개혁안에 박차를 가합니다. 도량형을 개혁하던 프랑스 과학 아카데미 회원들은 새 도량형에 어울리는 이름이 필요하다고 생각했습니다. 1790년 이름 공모전을 통해 한 시민이 길이의 기본 단위를 미터로 할 것을 제안했고, 회원들은 이 제안을 받아들였죠. 미터는 자, 잰다는 뜻의 그리스어 메트론metron 또는 라틴어 메트룸metrum에서 유래했습니다.

새로운 과제

미터는 새로운 길이 단위의 이름에 그치지 않고 전체 도량형의 이름이 되었습니다. 길이의 단위인 미터가 모든 단위의 기초 역할을 하도록 정했기 때문입니다. 당시 도량형 체계를 논의하던 과학자들은 길이, 넓이, 부피, 질량 같은 다양한 단위가 체계적으로 연결되어야 한다고 생각했어요. 길이, 넓이, 부피, 질량의 단위 모두 지금까지 그래 왔듯이, 각자 다른 기준으로 만들어지는 것이 아니라 서로 짜임새 있게 연결될 수 있도록 만들어져야 한다는 말입니다.

자세한 예를 들어 보겠습니다. 미터법이 제정되기 전, 넓이의 기본 단위는 a(아르), 부피의 기본 단위는 L(리터)였어요. a와 L는 길이 단위인 m에서 정해졌어요. 1a는 변의 길이가 10m인 정사각형의 넓이이고, 1L는 1m^3 부피의 1000분의 1입니다.

질량의 기본 단위는 오늘날 kg(킬로그램)을 사용하지만 당시에는 g(그램)이었어요. 당시 1g은 섭씨 0도일 때 순수한 물의 부피인 1cm^{3}의 질량으로 정의했습니다. 1cm는 0.01m입니다.

g도 원래는 그라브^{grave}라는 단위에서 바뀐 것입니다. 왜 얼음물 1L였던 1그라브가 1g으로, 또 1kg으로 바뀌게 되었을까요? 프랑스의 화학자이자 공직자였던 라부아지에는 1793년 프랑스 광물학자 르네 쥐스트 아위와 함께 질량의 기본 단위를 그라브로 정했어요. 1그라브는 얼음물 1L, 즉 물 1의 dm^{3}의 질량으로 정의했

고요. 여기서 1dm(데시미터)는 10cm를 말합니다. 그라브는 무게를 뜻하는 라틴어인 중력gravitas에서 비롯된 단어예요. 그러나 당시 사람들은 그라브가 귀족을 뜻하는 그라프graf와 발음이 비슷하다는 이유로 거부감을 가졌습니다. 게다가 단위의 크기도 너무 크다고 생각했어요. 이에 그라브의 1000분의 1에 해당하는 단위인 그램gramme을 표준으로 바꾸었습니다.

그런데 g도 기본 단위로 삼기에는 너무 작다는 생각이 들었고, 1799년 g에 1000배를 뜻하는 kilo를 붙여서 새로운 단위인 킬로그램killogramme을 만들었어요. kg은 현재 전 세계에서 공통으로 사용하고 있는 국제단위계의 기본 단위 가운데 유일하게 접두어가 붙은 단위예요. 국제단위계는 1960년 이후 세계적으로 가장 널리 쓰이는 국제 표준 도량형입니다. 킬로가 붙었으니 g이 기본 단위라고 생각할 수도 있지만, 국제단위계에서는 kg을 질량의 기본 단위로 사용해요. 그러나 일상생활에서 무게의 단위로도 사용됩니다. 질량은 장소나 상태에 따라 달라지지 않는 물질의 고유한 양으로, 중력과 관계없는 물질의 기본 속성입니다. 반면 무게는 물체에 작용하는 중력의 크기이므로 측정하는 장소에 따라 달라지죠.

이렇게 길이를 기준으로 해서 10의 배수로, 넓이와 부피가 연결되고 질량은 부피와 연결되며 부피는 길이와 연관되므로 질량 또한 길이와 연결됩니다. 결국 길이가 넓이, 부피, 질량 단위를 정의하는 기본 단위가 된 거예요. 이제부터는 정확하며 시간이 지나도 변하지 않는 길이 측정 도구를 만드는 것이 중요한 과제가 되었습니다.

자연에서 찾은 측정 도구의 기준

영원히 변하지 않는 측정 도구의 조건

사람들은 영원히 변하지 않는 도량형을 만들고 싶었습니다.

그 결과 1600년대부터 자연을 도구로 한 측정 단위를 만들자는 아이디어를 떠올렸어요. 1700년대 들어 자연을 보며 떠올린 아이디어를 실행하려고 했지만, 당시 기술 수준으로는 완전한 표준 원기를 만들 수 없다는 것을 깨달았습니다. 그러다가 과학 기술이 크게 발달한 1960년대부터 실험을 통해 현재의 단위가 나오게 되었어요.

그렇다면 영원히 변하지 않는 표준 단위를 만들기까지 어떤 과정을 거쳤을까요? 먼저 영원히 변하지 않는 도량형을 만들려면 측정 도구가 갖춰야 할 조건이 있습니다.

첫째, 모든 사람이 쉽게 이해하고 사용할 수 있어야 합니다. 특정한 사람들을 위해 만든다면 전 세계 사람이 널리 사용하기 어려우니까요. 운전을 하려면 자동차의 기술적인 부분을 알 필요는 없지만, 적어도 운전하는 방법과 속도 단위 등을 이해하고 있어야 겠죠.

둘째, 쓰임새에 딱 맞아야 합니다. 자동차 속도계는 일반적으로 km/h로 표시되어 있어요. 만약 속도계가 cm/m나 리/s 등으로 표시되어 있다면, 장거리 운전을 할 때 수치가 너무 커서 한 번에 이해하기 어려울 겁니다. 더욱이 단위 환산을 한 번 더 해야 하므로 도착 시간을 예측하기도 어렵죠.

셋째, 성능이 좋아야 합니다. 도구의 성능이 나쁘면 수리해야 하는 상황이 자주 생길 수 있습니다. 자동차 속도계가 제대로 작동되지 않아 속도가 잘못 표시되는데, 운전자는 모른 채 운전하고 있다고 해 보죠. 운전자가 고장이 났다는 사실을 알아차리기 전에 큰 사고가 날 수도 있습니다.

넷째, 시간이 지나도 원래의 모습이 변하지 않아야 합니다. 인간이 만든 인공물은 시간이 지나면 성질이 변해 원래의 모습이 보존되지 않는 경우가 많습니다.

다섯째, 누구나 평등하게 사용할 수 있어야 합니다. 사용하는 사람들이 정해져 있거나 통치자가 독차지할 경우 자신들의 권력을 유지하기 위한 도구로 변할 수 있습니다.

여섯째, 단위계(단위의 모임)가 과학이나 기술 수준에 알맞아야 합니다. 어떤 대상을 측정할 때 과학 수준에 비해 기본 단위가 부실하면 과학의 발전도 느려집니다.

도량형의 기준, 지구

프랑스 대혁명 시기의 과학자들은 앞에서 말한 여섯 가지 조건을 갖춘 도구를 자연에서 찾았습니다. 그 도구를 길이나 무게 같은 도량형의 기준으로 삼으려고 했어요. 세상 모든 사람에게 공평한 도량형 기준을 자연에서 구하겠다는 생각은 평등한 세상을 꿈꿨던 혁명가들의 정신과도 잘 맞았습니다.

과학자들은 자연에서 얻은 도량형 기준을 '자연 표준'이라고 불렀습니다. 과학자들은 도량형의 조건 가운데 넷째 조건에 가장 큰 관심을 가졌어요. 자연에서 변하지 않는 성질을 가진 도구를 찾으려고 많은 노력을 기울였죠.

그렇다면 전 세계에서 공통으로 사용할 수 있으면서 시간이 지나도 변하지 않는 자연 표준에는 무엇이 있을까요?

역사적으로 다양한 도량형 체제를 만들었지만, 자연 표준의 개념을 적용한 최초의 도량형은 미터법입니다. 미터법을 만들던 초기에 과학자들은 길이의 기준으로, 인간이 접근할 수 있는 가장 큰 자연물인 지구를 선택했습니다. 또 무게의 기준으로는 일정한 부피의 물을 기준으로 삼았고요.

미터법과 대조되는 영국의 야드파운드법은 길이는 길이 원기를, 무게는 보리 낱알 1개를 기준으로 삼았어요. 야드파운드법은 현재 주로 영국과 미국에서 쓰는 단위계입니다. 길이의 단위는 야드, 무게의 단위는 파운드, 부피의 단위는 갤런, 시간의 단위는 초, 온도의 단위는 화씨온도를 쓰고 있어요. 그러나 야드파운드법은 측정 기준이 정확하지 않았어요. 길이 표준 원기는 시간이 지나면 변하는 인공물이었고, 보리 낱알 1개의 무게도 다 달랐거든요.

1790년 탈레랑이 입법 기구였던 헌법 제정 국민의회에 낸 도량형 개혁안의 핵심은 크게 두 가지였습니다. 첫째, 자연에 존재하면서 변하지 않는 표준을 기본 단위로 삼을 것과 둘째, 초진자 길이를 온으로 정의하고, 온의 2배를 투아즈로 하며 투아즈 아래에 피에, 푸스, 리뉴 단위를 둔다는 것이었죠. 국민의회는 미터법에서 길이 단위가 매우 중요하기 때문에 영원히 변치 않는 길이 기준을 찾기 위해 고심했습니다. 이제부터 그 과정을 자세히 살펴볼까요.

탈레랑의 개혁안이 통과됨에 따라 과학 아카데미는 도량형 개혁을 위해 두 위원회를 만들어서 10진법과 자연 표준을 연구했습니다. 자연 표준을 연구한 위원회가 1791년 3월 19일 제출한《도량형 통일 방안》보고서는 그 이전부터 여러 과학자가 제시한 아이디어 가운데 자연 표준의 후보로 초진자 길이, 파리를 지나는 사분 자오선, 적도의 사분원 길이를 제안합니다.

이 가운데 적도의 사분원 길이는 적도를 네 등분하여 길이를 구하는 방법입니다. 즉 지구의 적도 길이를 측정한 뒤 4000만분의 1을 기본 단위로 정하자는 것이었죠. 그러나 적도는 열대 지역과 바다가 끼어 있어 측정하기가 힘들었습니다. 또한 적도에 걸쳐

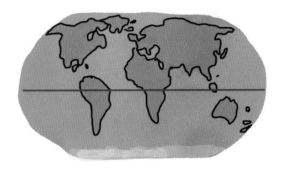

적도의 사분원 길이

있는 나라가 적은 데다 너무 덥고 습해서 전염병에 걸리기 쉽다는 이유로 가장 먼저 자연 표준 후보에서 제외되었어요.

지금까지 살펴본 내용을 정리하면, 프랑스 대혁명 시기에 도량형 개혁이 시급해지자 프랑스 과학 아카데미는 미터법을 만들었습니다. 미터법에서는 길이 단위인 미터가 넓이, 부피, 질량 등 다른 단위와 연결되는 기초 단위로 결정되었습니다. 길이 단위가 굉장히 중요해진 거예요. 따라서 길이 단위를 정확하게 만들 수 있도록 시간이 지나도 고장 나지 않고, 변하지 않는 측정 도구를 찾는 것이 중요해졌습니다.

과학자들은 도량형 측정 도구의 재료를 자연에서 찾았고, 자연에서 얻은 도량형 기준을 자연 표준이라고 불렀습니다. 탈레랑은 자연 표준의 길이 기준을 지구에서 찾자고 제안했습니다. 이에 따라 과학 아카데미가 구성한 위원회에서 자연 표준 후보로 초진자와 자오선 길이, 가장 먼저 후보에서 빠진 적도의 사분원 길이를 내놓았습니다.

두 번째로 후보에서 떨어진 초진자 길이

초진자는 '똑'에 1초, '딱'에 1초, 즉 한 번 왕복하는 데 2초가 걸리는 진자입니다. 초진자 길이를 자연 표준으로 한다는 것은 흔들리는 진자추가 한쪽 끝에서 다른 쪽 끝으로 이동하는 데 걸리는 시간인 반주기가 1초인 진자 막대의 길이를 길이의 표준으로 정하는 것입니다.

초진자 아이디어는 이탈리아 과학자 갈릴레오 갈릴레이의 연

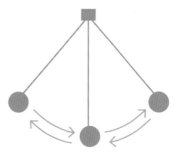

초진자 운동

구에서 나왔습니다. 갈릴레이는 1582년경 피사 대성당의 신도석에 앉아 있다가 중앙 통로 위에 달린 등잔의 속도가 일정하게 움직이고 있는 모습을 발견했습니다. 이를 통해 1602년경 진자의 진동 주기가 그 길이의 제곱근에 비례한다는 것을 알아냈죠. 다시말해 추의 무게가 아니라 진자의 길이가 왕복 시간을 결정하는 단하나의 변수였던 겁니다. 초진자는 진자의 길이가 길수록 좌우로 느리게 움직이고, 짧을수록 빨리 움직이는 원리를 이용합니다.

1600년대 영국은 표준 길이로 1야드를 사용하고 있었습니다. 그런데 건축가 크리스토퍼 렌이 갈릴레오가 발견한 초진자의 길이를 기본 단위로 삼자고 주장했습니다. 1668년 영국의 성직자이자 철학자였던 존 윌킨스도 논문에서 정확히 1초의 박자를 가진 초진자를 만들자고 제안해 렌의 주장에 힘을 실어 주었어요. 당시 반주기가 1초인 진자 막대의 길이는 39.26인치, 약 997mm였습니다. 현재의 1m 길이와 아주 가깝지만 오차가 있었다는 것을 훗날 알게 되었습니다.

윌킨스는 더 나아가 진자의 길이에 따른 새로운 길이 단위를 제안했습니다. 이 길이로부터 부피 단위를 만들었고, 그 부피를 물로 채워 질량의 단위를 만들었죠. 새로운 길이, 부피, 질량 단위는 모두 10으로 나누거나 곱할 수 있었습니다. 하지만 위원회는 이 제안을 선택하지 않았어요. 초진자를 이용해 길이를 측정할 경우 다음과 같은 문제가 있었거든요.

첫째, 초진자를 이용한 길이 측정은 길이와 상관없는 시간의 영향을 받습니다. 과학자들은 시간이 10진법을 따르지 않으므로 길이가 시간의 영향을 받는 것이 맞지 않다고 생각했습니다. 더욱이 초진자를 기준으로 삼으려면 굉장히 정밀하게 진자의 길이를 측정해야 하는데, 현실적으로 어렵기도 했고요.

둘째, 초진자의 길이는 지구 중력의 크기에 영향을 받습니다. 그런데 지구는 완전한 구 모양이 아니라서 위도에 따라 초진자의 길이가 달랐습니다. 이미 1670년 프랑스 과학 아카데미 창립 회원인 가브리엘 무통이 발견한 사실이었죠. 이렇게 해서 초진자의 길이도 자연 표준 후보에서 탈락했습니다.

최종 선택된 자연 표준 후보, 자오선 길이

무통은 1670년에 출간한 책에서 지구 자오선의 북극에서 적도까지의 거리를 1000분의 1로 나눈 것을 길이의 단위로 정하자고 했어요. 그 길이가 진자의 길이로 규정한 1m와 거의 일치했거든요. 또한 자오선은 모든 나라에 걸쳐 있으므로 정확하게 측정하기는 힘들겠지만, 자오선의 길이는 어느 곳이든 같을 것이라고 생각했습니다.

위원회에서는 무퉁의 아이디어를 받아들였고, 많은 자오선 가운데 파리를 지나는 사분 자오선의 1000만분의 1을 기본 길이 단위로 정하고 싶어 했어요. 사분 자오선이란 자오선의 4분의 1에 해당하는 길이로, 북극점에서 지구 표면을 따라 적도에 이르는 최단 경로입니다. 더 나아가 길이 단위의 제곱을 넓이 단위, 세제곱을 부피 단위로 정하고, 단위 부피에 담기는 증류수 무게를 질량 단위로 정해서 길이, 부피, 질량 단위를 통합한 측정 체계를 만들려고 했습니다.

탈레랑은 이러한 계획을 국민의회에 제출하여 1791년 3월 30일에 승인받았습니다. 과학 아카데미는 도량형 개혁을 본격적으로 진행하려고 다시 여러 위원회를 구성했습니다.

첫 번째 위원회에서는 자오선을 측량하는 일을 맡았습니다. 책임자로는 프랑스 천문학자이자 측량사였던 피에르 프랑수아 앙드레 메생, 천문학자이자 수학자였던 장 바티스트 조제프 들랑브르가 선정되었어요.

두 번째 위원회에서는 위도 45도의 해수면 높이에서 초진자 길이를 측정하는 일을 맡았습니다. 프랑스 수학자이자 물리학자였던 장 샤를 슈발리에 드 보르다와 메생, 천문학자이자 지도 제

프랑스 파리를 지나는 사분 자오선

작자였던 장 도미니크 카시니가 책임자였습니다.

세 번째 위원회에서는 질량 표준을 정하기 위해 어는점에서 증류수(자연에 있는 물을 증류해 불순물을 없앤 물)의 무게를 측정하는 일을 맡았습니다. 마지막으로 네 번째 위원회에서는 옛 도량형과 새 도량형을 비교한 환산표를 작성하는 일을 맡았고요.

자오선 측량을 맡은 메생과 들랑브르는 파리를 지나는 지구 자오선을 측정할 원정대를 꾸렸어요. 이들은 1792년에 일을 시작해 우여곡절 끝에 1798년, 북극에서 파리를 지나 적도에 이르는 자오선 둘레를 측량하는 데 성공했습니다.

법적 표준이 된 미터와 킬로그램

1799년 프랑스, 스페인, 덴마크 등으로 구성된 국제학술회의가 열렸습니다. 여기에서 과학자들은 사분 자오선 길이, 즉 북극에서 적도까지의 거리인 513만 740투아즈를 미터 길이의 기준으로 삼았습니다. 또한 섭씨 4도의 물 1dm³의 질량을 킬로그램 표준으로 정했어요. 미터와 킬로그램이 법적 표준이 된 거예요.

길이를 재는 미터 표준 원기는 가로 25.3mm, 세로 4mm, 길이 1m의 직사각형 기둥이며, 백금으로 만들었어요. 미터 표준 원기는 에탈롱étalon이라고 하지만, 보관 장소의 이름을 따서 기록원 미터Metre des Archives(메트르 데 자르시브)라고 부르기도 합니다. 질량을 재는 킬로그램 표준 원기도 백금으로 만들었고, 기록원 킬로그램 Kilogramme des Archives(킬로그램 데 자르시브)이라고 불렀습니다. 이 두 원기는 그다음 표준 원기가 나오기까지 90년 동안 표준 역할을 했어요.

프랑스, 영국, 미국의 도량형

이렇게 국제적인 합의를 거쳐 도량형의 법적 표준이 만들어졌습니다. 하지만 1790년부터 1850년까지 프랑스, 영국, 미국은 각자 다른 방식으로 도량형 개혁을 진행했습니다.

프랑스는 미터법을 시행했습니다. 안정화된 길이 단위를 찾으려고 지구 자오선을 측량하는 데 온 힘을 쏟았어요. 그런데 얼마 뒤 지구 자오선이 미터의 기준으로 알맞지 않다는 것을 알았습니다. 지구의 적도 부근이 불룩한 구 모양이라서 자오선 길이가 지역에 따라 달라질 수 있었거든요. 또한 혜성이나 소행성이 지구에 부딪혀 지구의 모양이나 자전축이 바뀌면 초진자의 길이는 물론 자오선의 길이도 달라질 수 있고요. 실제로 메생과 들랑브르의 측량값에서 오류가 발견되었습니다. 기록원 미터는 파리 사분 자오선의 1000만분의 1이라는 정의보다 약 0.2mm 짧았고, 기록원 킬로그램은 물 $1dm^3$보다 약간 가벼웠습니다.

영국은 계속 야드파운드법을 사용했어요. 역사적으로 영국은 프랑스와 사이가 좋지 않았습니다. 자연 표준만 봐도 프랑스는 지구의 크기를 기준으로 하려고 했으나 영국은 초진자를 이용하려고 했지요. 영국은 야드의 기준으로 초진자 길이가 알맞지 않다는 걸 알았지만, 프랑스에서 만들어진 단위계를 받아들이는 것도 내키지 않았던 거예요.

한편 프랑스 대혁명 이후 프랑스는 왕정이 폐지되고 공화국이 되었습니다. 자연스럽게 프랑스는 왕정 체제를 유지했던 유럽보다 공화국 정부였던 미국에 친밀감을 가지게 되었어요. 1776년에 영국으로부터 독립한 미국은 새로운 나라를 건설하는 데 도움이 될 다양한 정책을 고민하고 있었습니다. 영국의 흔적을 지울 수 있는 정책이라면 더 반기는 분위기였고요. 따라서 미국의 입장에서도 영국식 야드파운드법을 대신할 새로운 도량형을 받아들이는 건 굉장히 매력적인 일이었죠.

1790년 미국의 국무장관 토머스 제퍼슨이 프랑스에 표준 원기를 보내 달라고 요청했습니다. 프랑스에서는 1794년 1월 17일, 프랑스의 의사이자 식물학자인 조셉 돔비 편에 구리로 만든 임시 길이 표준 원기와 질량 표준 원기를 보냈어요. 당시 질량 표준 측정 도구가 없었던 미국은 파운드 단위를 쓸 수밖에 없었습니다. 그러나 돔비는 미국으로 가던 도중 건강이 나빠져 죽고 맙니다. 돔비가 가지고 있었던 길이와 질량 표준 원기는 경매에 붙여져 떠돌게 되었고요. 이 일이 실패하면서 결과적으로 미국은 도량형 표준을 확정하지도, 법으로 정하지도 않았습니다.

미국은 영국식 단위계에 바탕을 둔 미국식 단위계와 미터법 사이에서 오랫동안 어정쩡한 입장을 보이다가 1866년 미국 의회에서 미터법을 제정했어요. 그럼에도 미국은 미터법이 정착되지 못해 아직도 미국 단위계를 사용하고 있습니다. 국제단위계와 맞지 않아 비효율적이고 여러 문제가 생기고 있는데도요. 미터법으로 바꾸려면 사회의 모든 것을 바꾸어야 하는데, 엄청난 비용이 들고 미국 단위계에 아주 익숙해진 미국 국민들의 인식을 바꾸기도 쉽지 않습니다.

도량형 통일을 위한 노력

국제도량형국 설립

1800년대 초만 해도 프랑스가 확립한 미터법은 프랑스와 가까운 나라와 프랑스의 일부 식민지에서만 사용했습니다. 다른 나라에서는 이미 사용하고 있는 도량형을 바꾸면 혼란만 생긴다고 보았죠. 1840년 프랑스는 미터법을 의무화하고 홍보하려고 여러 나라에 표준 원기를 보냈지만 큰 변화는 없었어요. 그러다 국제 사회가 미터법을 받아들이는 데 힘을 실어 주는 행사가 열립니다.

프랑스 대혁명이 일어난 무렵 영국에서는 산업 혁명이 진행되고 있었어요. 산업 혁명을 겪는 동안 영국은 여러 분야에서 뛰어난 기술을 가지게 되었습니다. 자신들의 국력과 기술 수준을 자랑하고 싶었던 영국은 1851년, 런던 하이드 파크에 수정궁을 짓고 만국 산업 제품 대박람회(만국박람회)를 열었습니다. 만국박람회는

런던 하이드 파크 수정궁

1851년 5월 1일 목요일부터 10월 11일 토요일까지 매주 일요일을 제외하고 141일 동안 열렸어요. 만국박람회에 참여한 여러 나라의 생산품을 전시하고, 정치, 경제, 문화 등에서 거둔 산업 혁명의 성과를 한자리에서 볼 수 있는 행사였습니다.

만국박람회에는 각 나라의 혁신적인 측정 도구도 전시되었습니다. 그런데 나라마다 도량형이 제각각이라 우수성을 비교하는 것이 어려웠죠. 만국박람회에 참여한 나라들은 통일된 도량형 제도가 필요하다는 의견을 모았습니다. 만국박람회가 유럽의 나라들을 중심으로 왜 함께 쓸 수 있는 도량형이 필요한지 느끼는 계기가 된 겁니다. 1855년과 1878년 파리 만국박람회와 1862년 런던 만국박람회 등 국제박람회가 잇따라 열리면서 각 나라에서는 도량형 개혁에 한층 힘을 쏟았어요.

1853년 벨기에 브뤼셀에서 제1차 국제통계회의가 열렸습니다. 이 회의에서는 미터법을 사용하지 않는 나라에서 여러 통계 결과를 나타낸 통계표를 발표할 경우, 통계표에 미터법으로 환산한 수치를 같이 적어야 한다는 결의안이 통과되었어요. 마침내 도량형 통일의 첫발을 내딛은 겁니다. 1870년 8월 8일에는 국제미터위원회가 탄생했습니다. 전쟁으로 잠시 활동이 중단되었다가 2년 뒤인 1872년에 국제미터위원회 회의가 파리에서 열렸죠. 이때 참석한 위원들은 전 세계의 도량형을 비교하는 작업을 했고, 그 결과 미터법이 가장 실용적이며 학술적으로도 편리한 체계라고 공식 발표했어요. 또한 위원회의 이름을 국제미터기구로 바꾸었다가 다시 국제도량형위원회로 바꾸었습니다.

이러한 노력이 결실을 맺어 1875년 5월 20일, 프랑스 파리에서 미국을 비롯한 17개국이 서명한 미터 협약이 체결되었습니다. 측정에서만큼은 나라 사이의 경쟁을 자제하고, 미터법에 기반한 도량형 표준을 국제적으로 사용하는 것을 목표로 세웠습니다. 더불어 국제도량형국Bureau International des Poids et Mesures, BIPM을 설치했어요. 국제도량형국은 국제도량형위원회의 지휘와 감독을 받는 기구로, 미터 협약을 맺은 모든 서명 국가의 대표로 구성되며 6년마다 국제도량형총회를 열자고 합의했습니다. 또한 다른 나라의 표준 원기를 검증해 공통으로 사용할 수 있는 표준 원기를 만들고, 측정과 관련된 기술을 발전시키자고 약속했죠.

그 뒤부터는 4년 또는 6년마다 한 번씩 정기적으로 열리는 국제도량형총회와 국제도량형위원회 회의에서 과학 기술의 발전에 따라 또는 기관의 제안과 요청에 따라 단위를 수정하거나 추가하고 있습니다. 예를 들어 제1차 총회에서는 미터와 마찬가지로 금속 덩어리를 하나 만들어서 1kg으로 정의했어요. 1901년 제3차 총회에서는 질량을 결정했죠. 1948년에는 전류 단위인 암페어가 추가되었고요.

미터 협약이 체결된 5월 20일은 현재 세계 측정의 날로 기념하고 있어요. 이렇게 전 세계는 공통으로 사용할 수 있는 최상의 국제단위계를 만들기 위해 지금도 꾸준히 노력하고 있습니다.

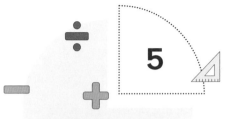

5

국제단위계에는 어떤 것이 있을까

국제단위계International System of Units는 미터법을 기준 삼아 1960년 제11차 국제도량형총회에서 국제 표준으로 확립한 단위 체계입니다. 줄여서 SI라고도 해요. 미터법 단위계를 수정하고 보완해 현대화시킨 국제단위계는 오늘날 세계 대부분 국가에서 사용하고 있습니다. 국제단위계는 전 세계 누구나 쓸 수 있는 객관적인 표준 단위계가 필요해지면서 만들었습니다.

국제단위계의 단위는 꽹장히 복잡해 보이지만, 크게 기본 단위와 유도 단위로 이루어져 있어요. 기본 단위는 국제단위계에서 정한 7개 단위이고, 유도 단위는 국제단위계의 7개 기본 단위를 조합해 만든 단위입니다. 대표적인 기본 단위가 길이입니다. 그렇다면 넓이와 부피는 기본 단위일까요, 유도 단위일까요? 넓이는 가로와 세로의 길이를 이용해 구하므로 유도 단위입니다. 부피도 가로, 세로, 높이의 길이를 이용하므로 유도 단위이죠. 이렇게 기본 단위를 다양하게 조합해 모든 양을 표현할 수 있습니다.

그런데 측정한 값을 양으로 표현하다 보면 단위 앞에 붙는 수가 너무 크거나 작을 때가 있습니다. 행성과 행성 사이의 거리나 전자의 크기를 측정하려면 우리가 일상에서 사용하는 단위로 수를 나타내기에 그 값이 너무 크거나 작을 테니 말입니다. 이때 아주 크거나 작은 양의 크기를 쉽게 나타내려고 각 단위 앞에 붙여 쓰는 접두어가 SI 접두어입니다.

SI 접두어는 10의 거듭제곱(10^n 또는 10^{-n})의 크기로 정의하고, 각각의 이름은 주로 그리스어나 라틴어에서 따왔습니다. 원래는 16가지였으나 1991년 10월 4일, 국제도량형총회에서 제타, 요타, 젭토, 욕토 4가지를 추가해 모두 20가지가 되었어요. 이후 국제도량형국은 2022년 11월 제27차 국제도량형총회에서 퀘타Quetta, 론나Ronna, **퀙토quecto**, 론토ronto 접두어 4개를 SI에 추가하기로 결정했어요.

오늘날 전 세계적으로 사용하는 국제단위계의 기본 단위로는 길이, 질량, 시간, 광도, 온도, 전류, 물질량이 있습니다. 길이

인수	이름	기호	인수	이름	기호
10^1	데카	da	10^{-1}	데시	d
10^2	헥토	h	10^{-2}	센티	c
10^3	킬로	k	10^{-3}	밀리	m
10^6	메가	M	10^{-6}	마이크로	μ
10^9	기가	G	10^{-9}	나노	n
10^{12}	테라	T	10^{-12}	피코	p
10^{15}	페타	P	10^{-15}	펨토	f
10^{18}	엑사	E	10^{-18}	아토	a
10^{21}	제타	Z	10^{-21}	젭토	z
10^{24}	요타	Y	10^{-24}	욕토	y
10^{27}	론나	R	10^{-27}	론토	r
10^{30}	퀘타	Q	10^{-30}	퀙토	q

SI 접두어의 이름과 기호

는 미터meter(기호 m), 질량은 킬로그램kilogram(기호 kg), 시간은 초 second(기호 s), 광도는 칸델라candela(기호 cd), 열역학 온도는 켈빈 kelvin(기호 K), 전류는 암페어ampere(기호 A), 물질량은 몰mole(기호 mol)이라는 단위로 표현합니다. 이러한 단위는 과학 기술이 발달 하면서 수많은 논의를 거쳐 다양한 방법으로 정의되고 있습니다. 단위의 정의를 바꾸는 일도 국제도량형총회에서 하고 있죠.

그럼 현재 쓰이는 기본 단위는 어떻게 정의됐는지 알아보겠습니다. 단위의 정의에 나오는 과학 용어가 낯설어서 어렵게 느낄 수도 있을 거예요. 국제단위계의 기본 단위를 정의할 때마다 어떤 시행착오를 거쳤는지, 최근에는 어떤 것을 기준으로 결정했는지 위주로만 봐도 괜찮습니다.

기본 단위의 종류와 정의

길이의 기본 단위, 미터

1790년 미터법이 제정된 이후, 길이의 기본 단위인 미터를 정의하는 방법은 과학 기술이 발달함에 따라 여러 번 바뀌었습니다. 그러다가 1983년 제17차 국제도량형총회에서 지금의 정의로 결정되었어요. 미터는 다른 단위의 기초이므로 가장 엄밀하게 정의합니다. 앞서 설명했듯이 1m는 빛이 진공 상태에서 2억 9979만 2458분의 1초 동안 나아간 길이에요.

처음에는 1m의 표준 원기를 금속 물질로 만들었습니다. 그런데 금속이라도 온도와 습기에 따라 미세하게 변하기 때문에 지금은 빛의 파장을 이용하는 것으로 바뀌었습니다.

질량의 기본 단위는 킬로그램입니다. 1889년 제1차 국제도량형총회에서 '킬로그램은 질량의 단위이며, 국제 킬로그램 원기의 질량과 같다'고 정의했어요. 킬로그램 원기는 백금 90퍼센트, 이리듐 10퍼센트로 이루어진 합금으로 된 원통형 분동(무게추)을 사용했습니다. 그러나 세월이 지나면서 킬로그램 원기도 조금씩 오염되고 손상되어 약 수십 마이크로그램㎍ 정도 미세하게 늘어난 것으로 밝혀졌어요. 2018년 제26차 국제도량형총회에서 플랑크 상수 h를 $6.62607015 \times 10^{-34}$ J·s(줄 초, 플랑크 상수의 단위)로 고정하고 킬로그램을 다시 정의했습니다. 새로운 정의는 2019년 5월 20일 세계 측정의 날부터 공식 사용하기 시작했죠.

그런데 플랑크 상수라는 말을 들어본 적이 있나요? 에너지는 플랑크 상수와 진동수의 곱인 $E = hf$로 나타낼 수 있습니다. 여기서 E는 에너지, h는 플랑크 상수, f는 진동수로 ν(뉴)로도 씁니다. 이 식에 따르면, 입자가 1초에 한 번만 진동하면 진동수가 1Hz이므로 $E = h$가 됩니다. 즉 플랑크 상수는 더 이상 쪼갤 수 없는 원자 단위 에너지의 크기를 의미합니다. 독일 물리학자 막스 플랑크가 발견했으며, 그의 이름에서 따왔어요. 이 상수는 우리 주변이나 먼 은하계에서나 모두 같으며 시간이 흘러도 변하지 않는, 매우 안정적인 값입니다. 또 매우 작은 값이죠. 플랑크 상수가 이렇게 작다는 것은 곧 에너지 최소 단위인 양자가 엄청나게 작은 양이라는 것을 뜻해요. 우리가 생활 속에서 에너지가 양자로 이루어져 있다는 사실을 알아채기 어려운 이유입니다.

킬로그램은 플랑크 상수 h를 J·s 단위로 나타낼 때 그 수치를 $6.62607015 \times 10^{-34}$으로 고정해 정의했습니다. J·s는 $kg·m^2·s^{-1}$과 같죠. 따라서 $h=6.62607015 \times 10^{-34} J·s=6.62607015 \times 10^{-34}$ $kg·m^2·s^{-1}$이므로 $1kg=\left(\dfrac{h}{6.62607015 \times 10^{-34}}\right)m^{-2}·s$로 나타낼 수 있어요.

킬로그램은 지난 130년 동안 유일하게 인공적으로 만든 표준원기를 기준으로 정의한 질량 단위예요. 나머지 6개는 물리적인 실험을 통해 정의했고요. 지금은 킬로그램도 다른 기본 단위처럼 변하지 않는 물리 상수를 기준으로 채택했습니다.

시간의 기본 단위, 초

시간의 기본 단위는 1초입니다. 1956년까지 1초는 지구 자전 속도의 8만 6400분의 1로 정의했어요. 1956년부터 1967년까지는 지구 공전 속도를 기준으로 1초를 정의했고요. 하지만 지구의 움직임이 불규칙해지면 시간도 변하는 단점을 발견하면서 다른 방식을 생각해 냅니다. 과학자들은 절대적이고 영원한 1초를 찾기 위해 연구를 거듭했습니다. 그 결과 천체에서 물질의 구성 요소인 원자의 세계로 눈을 돌리게 되었죠.

1967년 제13차 국제도량형총회에서 1초의 기준으로 세슘[Cs] 원자를 이용한 원자 시계의 원자초를 선택했어요. 1초는 세슘-133 원자의 바닥 상태에 있는 2개의 초미세 구조 사이를 전자가 이동할 때 흡수하고 내보내는 빛이 91억 9263만 1770번 진동하는 시간입니다. 그러나 세슘 원자 시계도 중력, 자기장, 전기장의 영향에서 자유롭지 않기 때문에 1초에 91억 9263만 1770번씩 고유한 진동수로 진동할 때 오차가 생길 수밖에 없습니다. 1967년에 채택한 세슘 원자 시계의 오차는 1000만분의 1초 수준입니다.

전 세계에서 세슘 원자 시계의 단점을 보완할 수 있는 표준 시계를 개발하려고 노력하고 있습니다. 정밀한 시간 측정은 우주 항해 등 미래 기술과 아주 밀접한 관계가 있기 때문이에요. 요즘은 과학자들 사이에서 1초의 정의를 세슘 원자 시계 대신 레이저 기술을 활용한 광 시계 기준으로 바꾸어야 한다는 의견이 나오고 있습니다. 국제도량형국에서 초정밀 원자 시계를 개발해 1초의 정의를 바꿀 날도 머지않아 보입니다.

전류의 기본 단위인 암페어는 1948년 제9차 국제도량형총회에서 정의했고, 1960년 제11차 국제도량형총회에서 국제 기본 단위에 포함되었습니다. 암페어는 2개의 평행 도선(전류를 통하게 하는 줄)에 전류(전기의 양)가 있을 때, 도선 사이에 작용하는 힘이라고 정의합니다. 당시 '1암페어는 무한히 길고 무시할 수 있을 만큼, 작은 원형 단면적을 가진 2개의 평행한 직선 도체가 진공 중에서 1m의 간격으로 유지될 때, 두 도체 사이에 1m당 2×10^{-7}N(뉴턴)의 힘을 생기게 하는 일정한 전류의 크기'로 정의했어요. 하지만 무한히 길고 무시할 수 있을 만큼 작은 원형 단면적을 가졌다는 전제 조건이 문제였어요. 현실에서는 단면적이 0에 가깝고 무한히 긴 물체를 만들 수 없거든요.

이러한 이유로 전 세계 표준 기관에서는 간접적인 방법으로 암페어를 구했습니다. 하지만 측정 기술 값이 이론 값에 비해 100배 이상 부정확한 값이 나오고 말았죠.

과학자들은 변하지 않는 상수인 기본 전하 값을 이용해 다시 암페어를 정의했어요. 2018년 제26차 국제도량형총회에 다시 정의된 1A는 전자의 기본 전하량 e=$1.602176634 \times 10^{-19}$C(쿨롱)이 되도록 하는 전류의 단위입니다. 여기서 C는 A·s(암페어 초)와 같은 단위입니다. 따라서 1A는 1초에 $6.241509074 \times 10^{18}$개의 전자가 흐르는 것으로 정의합니다. 다시 정의된 전류의 기본 단위는 2019년 5월 20일부터 공식 사용하고 있습니다.

열역학 온도의 기본 단위, 켈빈

우리가 일상에서 정확한 온도를 재려고 주로 사용하는 단위는 섭씨$^{\circ}$C와 화씨$^{\circ}$F입니다. 1기압에서 물의 끓는점과 어는점을 기준으로, 섭씨는 그 사이를 100등분한 것이고 화씨는 그 사이를 180등분한 것입니다. 이 두 단위는 물이 있어야 측정할 수 있다는 한계가 있어요. 그래서 1848년 영국의 수리물리학자이자 공학자였던 켈빈 남작 윌리엄 톰슨이 절대온도(켈빈온도 또는 열역학 온도라고도 한다) 켈빈을 제안했어요. 절대온도는 입자가 빠르게 움직이면 온도가 올라가고, 느려지면 온도가 내려가는 물질 입자들의 평균적인 속도라고 정의했습니다.

시간이 지나 과학자들이 더 정밀하고 나은 기준을 찾게 되면서, 물의 삼중점 온도를 생각해 냈습니다. 물의 삼중점은 물, 얼음, 수증기의 세 가지 형태가 함께 있는 상태를 말해요. 1954년 제10차 국제도량형총회에서 물의 삼중점을 273.16°K(켈빈도)로 정했어요. 1968년 제13차 국제도량형총회에서는 켈빈도 대신 켈빈이라고 하기로 했고요. 그러나 이 기준도 물의 동위원소 비율에 따라 삼중점이 달라질 수 있다는 문제점이 있었어요.

결국 2018년 제26차 국제도량형총회에서 표준을 다시 정의했습니다. 절대온도를 정의하려면 볼츠만 상수 k가 필요합니다. 볼츠만 상수는 기체 1mol과 관계 있는 보편 기체 상수를 아보가드로수로 나눈 값으로, 1.380649×10^{-23}J·K^{-1}입니다. J·K^{-1}은 kg·m^2·s^{-2}·K^{-1}과 같은 단위예요. 볼츠만 상수를 정확하게 측정하면 절대온도 켈빈의 정의도 명확하게 내릴 수 있습니다. 다시 정의한 온도의 기본 단위도 2019년 5월 20일부터 공식 사용하고 있습니다.

물질량의 기본 단위, 몰

물질량은 원자나 분자 같은 물질의 양입니다. 국제단위계에서는 물질량의 단위를 몰로 정했어요. 몰은 어떤 물질을 구성하고 있는 요소가 많고 적다는 것을 나타낼 때 사용하는 단위입니다.

2019년 국제단위계 기본 단위를 다시 정의하기 전에는 12g의 탄소-12 안에 있는 입자(원자, 분자, 이온 등)의 수를 1mol이라고 정의했습니다. 1mol에 해당하는 입자의 수인 $6.02214076 \times 10^{23}$를 아보가드로수라고 합니다.

아보가드로수 자체는 계속해서 물질량의 단위로 사용되었어요. 그런데 탄소-12 원자 1mol의 수는 질량과 직접적으로 연결되어 있다는 한계가 있었습니다. 질량은 국제 킬로그램 원기를 사용했는데, 이 원기도 인공물이기 때문에 변할 가능성이 있었거든요.

그래서 과학자들은 변하지 않는 기본 상수인 아보가드로 상수N_A를 이용해 몰을 다시 정의합니다. 아보가드로 상수는 $6.02214076 \times 10^{23} mol^{-1}$로, 이에 따라 몰은 $6.02214076 \times 10^{23}$개의 구성 요소를 포함하는 물질량의 단위입니다.

광도의 기본 단위, 칸델라

칸델라는 광도의 단위로, 어떤 한 방향에서 빛이 얼마나 강렬한가를 나타내는 밝기의 정도입니다. 1979년 제16차 국제도량형총회에서 1cd를 '$540 \times 10^{12} Hz$의 진동수를 가진 단색광을 방출하는 광원의 복사 강도가 특정 방향으로 1스테라디안당 $\frac{1}{683} W$일 때 이 방향에 대한 광도'로 정의했습니다.

이때 광원이란 빛을 발하고 있는 물체를 말해요. $540 \times 10^{12} Hz$의 진동수를 가진 단색광을 방출하는 광원의 복사란, 파장으로 말하면 555nm(나노미터)로 녹색 부근에 있는 가시광선을 말합니다. 인간의 눈이 이 빛에 대한 반응 정도가 가장 좋아서 선택되었죠. $\frac{1}{683}$은 이전에 사용한 단위와 비슷하게 맞추기 위한 수입니다.

여기서 스테라디안steradian(기호 sr)은 각도의 단위인데, 특히 원뿔의 꼭지점이 나타내는 입체각을 말합니다. 1스테라디안은 구의 중심에서 각도를 잴 때 구의 반지름의 제곱r^2과 같은 표면적을 이루는 입체각입니다.

칸델라는 '빛나다'라는 뜻을 가진 라틴어입니다. 동물의 기름으로 만든 양초를 가리키며, 양초라는 뜻을 가진 영어 캔들candle의 어원이기도 하죠. 보통 1cd는 1m²의 공간 안에 켜져 있는 초 1개의 밝기로, 일반적인 촛불은 대략 1cd 정도의 빛을 내요. 모든 방향으로 균일하게 복사하는 25W 형광등은 135cd이고, 100W 백열전구는 138cd입니다.

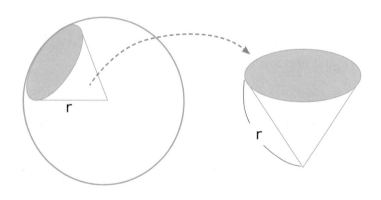

스테라디안의 정의

이번 장에서는 인류가 측정 활동을 시작하면서 측정 도구와 단위가 어떻게 발전했는지 알아보았어요. 우리는 오전에 일어나면 시계를 보고, 스마트폰이나 노트북의 배터리 용량을 확인합니다. 사진을 찍을 때 줌의 비율을 어느 정도로 할지 결정하고, 가끔씩 몸무게를 재지요. 운전자는 차의 연료가 얼마나 남았는지, 나의 운전 속도는 얼마인지 확인합니다. 이렇듯 우리가 크게 의식하지 않을 뿐 삶에서 단위를 뺀다는 것은 상상할 수 없습니다. 현재 잘 갖춰진 단위 체계는 아주 오래전부터 인류가 조금씩 발전시킨 노력의 결과입니다.

이처럼 소중한 단위가 어떤 과정을 거쳐 발전했는지 다시 정리해 볼까요? 처음에는 사람의 몸과 주변에서 흔히 구할 수 있는 재료를 이용해 단위를 정하고 측정 도구를 만들었습니다. 그러나 이렇게 정한 측정 도구와 단위는 시대와 지역에 따라 그 기준이 달라졌기 때문에 정확하지 않았습니다. 더욱이 각 나라와 사람들마다 자신이 편한 대로 측정 기준을 만들다 보니 혼란이 생겼고요. 그럼에도 이러한 방법은 수천 년 동안 이어졌습니다.

르네상스 시기를 거치면서 사람들은 측정에 더욱 관심을 보였어요. 16세기와 17세기에는 갈릴레이, 뉴턴 같은 과학자의 활약으로 과학에 대한 관점이 변하기 시작했죠. 과학은 측정의 역사와 함께했어요. 과학은 경험과 측정에 근거한 증거를 사용해 자연 현상의 원리를 밝히고 지식을 쌓아 가며 발전했죠. 따라서 과학이 새로운 것을 계속 탐구해 나가기 위해서는 체계적인 측정이 이루어져야 합니다. 과학자들은 모든 것을 측정해서 수치화할 수 있다고 생각했고, 과학 연구를 할 때 관찰과 실험을 통해 확인하는 정량적인 방법을 사용했습니다. 당연히 측정에 대한 관심은 더욱 높아졌고, 프랑스 대혁명을 계기로 도량형을 체계적으로 바꾸기 위한 노력이 시작됩니다. 그리고 영국에서 열린 만국박람회를 계기로 유럽의 나라들은 도량형을 통일하자는 의견을 모았어요.

사람들은 도량형을 통일하기 위한 단위의 기준을 자연에서 찾았습니다. 자연이야말로 누구나 평등하게 사용할 수 있고, 전 세계 공통으로 사용할 수 있다고 생각했으니까요. 특히 모든 단위의 기준이 되는 길이를 정하는 게 중요했는데, 지구의 북극과 적도를 잇는 자오선 거리의 1000만분의 1을 1m로 정했어요. 최종적으로는 1983년에 빛의 속도와 시간을 기준으로 1미터가 결정되었죠.

이렇게 미터법은 자연의 질서를 바탕으로 만들었으며, 합리적이고 보편적이고 영원히 변하지 않는 기준이 되었어요. 현재 전 세계 공통으로 쓰는 국제 표준 단위 체계는 미터법을 수정하고 보완해 만든 국제단위계입니다. 국제단위계 기본 단위는 길이, 질량, 시간, 전류, 열역학 온도, 물질량, 광도입니다. 과학 기술이 발달할수록 측정 도구와 단위의 정확성과 정밀도도 계속 보완될 거예요.

1. 인류가 최초로 사용한 측정 도구는 우리 몸이나 주위에서 쉽게 구할 수 있는 재료였다. 하지만 이러한 도구를 이용한 측정 방법은 여러 문제를 낳았는데, 어떤 문제점이 있었는지 말해 보자.

2. 1번과 같은 문제점을 보완하기 위해 측정하기 알맞은 도구와 단위의 조건을 두 가지 이상 적어 보자.

_____

_____

_____

3. 다음은 측정의 발전 과정에 대한 설명이다. 빈칸에 알맞은 말을 넣어 보자.

● 측정이 시작된 초기에 인류는 사람의 몸과 주변에서 흔히 구할 수 있는 재료를 이용했다.
● 문명이 발달하고 개인이나 국가 간의 거래가 활발해지면서 지역이나 사람마다 도량형이 달라 혼란이 커졌다.
● 서양에서 ① _____ 시기가 열리면서 측정을 주목하기 시작했다.
● 모든 것을 ② _____ 을 통해 수치로 만들려는 움직임이 시작되었다.
● 16세기 후반부터 설립된 일련의 과학단체나 협회 등을 ③ _____ 라고 한다.

- 프랑스에서는 지방마다, 마을마다 도량형이 제각각 적용되어 백성들은 상거래를 할 때 잘못된 거래로 많은 피해를 입었다. 과학계에서도 과학 수준에 미치지 못하는 측정 단위와 측정 도구 수준 때문에 도량형 개혁에 대한 목소리를 높였다.
- 1789년 7월 14일, 약 1만 명의 시민이 ④ _____ 을 일으켰다.
- 도량형 개혁이 시급해지자 1790년경 프랑스 과학 아카데미는 도량형 개혁안을 만들었다.
- 길이 단위는 ⑤ _____ 로 결정했고, ⑥ _____ 는 넓이, 부피, 질량 등 다른 단위와 연결되는 기초 단위로 결정되었다. 따라서 길이 단위를 정확하게 만들 수 있도록 시간이 지나도 고장 나지 않고, 변하지 않는 측정 도구를 찾는 것이 중요해졌다.
- 과학자들은 도량형 측정 도구의 재료를 ⑦ _____ 에서 찾았고, 탈레랑은 자연 표준의 길이 기준을 ⑧ _____ 에서 찾자고 제안했다.
- 1799년 국제적 학술 회의에서 사분 자오선 길이를 미터 길이의 토대로 삼았다. 또한 섭씨 4도의 물 $1dm^3$의 질량을 킬로그램 표준으로 정했다.
- 1851년 영국에서 개최한 만국박람회를 계기로 도량형을 통일하자는 의견을 모았다. 1875년 17개국이 미터 협약을 체결해 미터법을 세계 공식 단위로 인정했다.
- 어떤 양을 측정할 때 객관적인 표준 단위계가 필요했다. 이에 미터법을 기준으로, 1960년 제11회 국제도량형 총회에서 국제 표준 단위 체계로 ⑨ _____ 를 확립했다. ⑨ _____ 를 줄여서 SI라고도 한다.
- 국제단위계의 기본 단위로는 ⑩ _____ , ⑪ _____ , ⑫ _____ , ⑬ _____ , ⑭ _____ , ⑮ _____ , ⑯ _____ 이 있다.

⇨해설은 책 뒤에 있습니다.

±
3
−
Σ

양을 구분하다

인류는 생존을 위해 크다와 작다, 많다와 적다 같은 비교 감각을 가지게 되었습니다. 비교 감각은 수를 세고 양을 재는 데 기초가 되는 감각이에요. 시간이 흘러 추상적 사고를 할 수 있게 되면서 수를 세고, 센 것을 기호로 나타내고, 수를 표기하는 방법을 터득해 기록으로 남겼습니다. 또한 식량, 농기구, 옷처럼 생활에 꼭 필요한 물품을 나누거나 교환하면서 측정 활동이 시작되었어요. 어떤 물건을 공평하게 나누어 주거나 교환할 때, 예를 들어 기준이 되는 토지의 넓이, 농작물의 부피나 무게 등을 알아야 했어요.

그럼 양을 잰 뒤에는 어떻게 수로 나타냈을까요? 양 5마리를 5로 나타내듯이, 5m가 살짝 넘는 길이처럼 정확하게 자연수로 떨어지지 않는 길이도 수로 나타내야 했죠. 그런데 어떤 대상을 세려고 사용했던 수로 길이까지 나타내기는 어려웠습니다. 토지의 길이를 재려는데, 1, 2, 3, …… 같은 수만으로 어떻게 정확하게 측정값을 나타낼 수 있을까요. 또한 애초에 1이라는 수의 길이가 어느 정도인지 명확한 기준이 없으면 2나 3이 얼마만큼인지 알 수도 없고요. 따라서 측정되는 양은 또 다른 종류의 수와 단위로 표현해야 하는데, 이때의 수는 세기 위한 수보다 더욱 자세하고 다양한 종류로 구분해야 합니다.

세기 위해 사용하는 수와 측정하기 위해 사용하는 수를 합쳐서 '양'이라고 합니다. 그런데 일상에서 개수를 세는 것도 측정이라고 합니다. 세는 것과 측정하는 것의 차이가 뭘까요. 1, 2, 3, ……을 센다고 하면 각각의 수 다음에는 다른 수가 오고 수와 수 사이에는 아무런 수가 없습니다. 반면 측정할 때의 수는 다음에 오는 수가 없으며, 계속 이어지는 연속적인 양으로 수와 수 사이에 분수가 있습니다.

이번 장에서는 인간은 언제부터 양을 다루기 시작했으며, 시대에 따라 양을 어떤 관점으로 바라보았고, 그 관점은 어떻게 변했는지 살펴볼 거예요. 그리고 셀 때와 측정할 때 사용하는 수를 통해 지금은 양이 어떤 식으로 정립되었는지 알아보겠습니다.

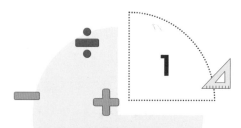

옛사람들은 양을 어떤 관점으로
바라보았을까

 '수'라고 하면 무엇이 떠오르나요? 아마도 1, 2, 3, 4, 5, ……
같은 자연수를 떠올릴 거예요. 그럼 '양'이라고 하면 무엇이 떠오
르나요? 많은 사람이 물의 양, 토지의 면적, 건물의 높이 등을 떠
올리겠죠.

 수와 양은 다릅니다. 우리가 떠올리는 수와 양의 예만 봐도 알
수 있죠. 더 확실한 예를 들어 볼까요? 1, 2, 3, …… 같은 자연수
는 각 수마다 균등하게 1만큼의 간격이 있습니다. 반면 물은 병에
1L와 2L 사이의 양 1.5L를 채울 수도 있고, 1L와 1.5L 사이의 양
1.25L를 채울 수도 있습니다. 이 밖에도 1.125L, 1.0625L과 같이
어떤 수의 양이라도 채울 수 있어요. 이처럼 수는 각각의 수마다

일정한 간격이 있지만, 양은 간격 없이 연속적입니다. 수와 양의 가장 큰 차이라고 할 수 있죠.

최초로 수와 양을 구분하기 시작한 사람은 고대 그리스 철학자였던 아리스토텔레스예요. 그는 양을 수와 크기로 나누고 수에는 일정한 간격이 있고, 크기는 연속적이어서 계속 나눌 수 있다고 보았죠.

자연수는 일정한 간격을 가진 수입니다. 1과 2, 2와 3, 3과 4의 각 수 사이에는 1씩 간격이 있어요. 반면 길이, 넓이, 부피, 시간 같은 크기는 간격 없이 연속적이어서 계속 나눌 수 있죠. 1m의 길이는 0.5m씩 2개로 나눌 수 있고, 0.5m는 0.25m씩 2개로 나눌 수 있습니다. 0.25m도 0.125m씩 2개로 나눌 수 있어요.

아리스토텔레스는 자연수같이 일정한 간격이 있는 수를 이산적인 수 또는 이산량이라고 했습니다. 반면 연속적으로 계속해서 나눌 수 있는 크기는 연속적인 양 또는 연속량이라고 했어요. 또한 이산량을 모은 것이 자연수이고 자연수를 연구하는 학문은 산술입니다. 연속량이나 크기를 연구하는 학문은 기하학이고요.

기원전 300년경에 활약한 고대 그리스 수학자 유클리드는《원론》이라는 책에서 아리스토텔레스가 구분했던 수와 크기를 수학적으로 설명했습니다. 이 책은 모두 13권으로 되어 있으며, 산술과 기하학을 명확하게 구분해 설명하고 있습니다. 1~6권은 평면 기하학, 7~9권은 수론, 10권은 현재의 무리수와 관련된 비교 불가능한 양에 대한 논의, 11~13권은 입체 기하학을 다루었습니다.

고대 그리스 시대에 양을 수와 크기로 구분했던 건 넓이 같은 크기를 수라고 보지 않았기 때문이에요. 그래서 그리스 시대에는 다음 그림과 같이 두 다각형의 넓이가 같다는 것을 증명하기 위해 수 대신 도형을 활용했습니다. 지금이라면 두 다각형의 넓이를 각각 구해서 비교하면 간단히 해결할 수 있습니다. 하지만 그리스 시대에는 도형을 분해하고 다시 결합해서 넓이가 같다는 것을 증명했어요. 여기서는 주어진 삼각형을 반으로 나누고, 사각형에 넣어서 삼각형과 사각형의 넓이가 같다는 것을 증명할 수 있죠. 당시 그리스인은 넓이라는 말조차 사용하지 않았습니다.

16~17세기까지도 사람들은 수와 크기가 다르다고 생각했습니다. 그런데 르네상스 시기가 지나고 과학이 발달하면서 점점 측정이 중요해졌어요. 측정값을 고대 그리스 방식처럼 구하자니 도형 연구는 깊이 할 수 있을지 몰라도 어떤 대상을 측정할 때마다 시간이 오래 걸리고 정확성도 떨어져 불편했습니다.

당시 네덜란드 수학자이자 과학자였던 시몬 스테빈은 이런 불편과 비효율적인 모습을 보고 수와 크기를 양으로 합치려고 시도

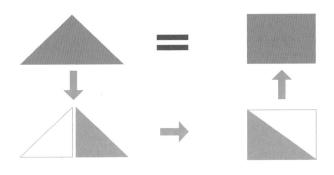

했어요. 스테빈은 수와 크기를 구분하는 것은 대상의 성질을 파악하는 데 필요할 뿐이며, 모든 경우마다 구분할 필요는 없다고 생각했습니다. 나무 2그루에서 2는 이산적이지만, 물 2L에서 2는 연속적입니다. 같은 수라도 대상에 따라 이산적이기도 하고 연속적이기도 하죠. 따라서 이산적인 성질을 가지고 있든, 연속적인 성질을 가지고 있든 모든 양을 하나의 수로 통합해도 문제없다고 생각했습니다. 그런데 연속적인 대상은 자연수로만 표현하기에는 한계가 있었으므로 연속적인 수를 나타낼 새로운 수 표기가 필요했습니다. 바로 소수입니다.

오늘날 양은 수와 단위를 사용해 나타냅니다. 단위는 길이, 부피, 무게 등을 잴 때 기준이 되는 것으로, 수의 속성을 명확하게 해 줍니다. 속성은 사물의 특징이나 성질을 말해요. 다시 말해 양은 세거나 측정할 수 있는 물체의 크기를 비교할 수 있는 속성을 뜻해요. 양에서 생각해 보아야 하는 요소로는 비교 가능한 속성, 셀 수 있는 양, 측정할 수 있는 양이 있습니다.

예를 들어 볼게요. 노트는 크기를 비교할 수 있는 속성을 가지고 있습니다. 노트의 가로와 세로 길이, 노트의 두께, 노트 단면의 넓이, 노트의 쪽수, 노트의 무게 등이 노트의 속성에 해당해요. 세로의 길이가 30cm인 노트 한 권이 있습니다. 30cm는 30이라는 수와 cm라는 단위를 합친 양이에요. 이 양은 노트 자체가 아닌 노트가 가지고 있는 성질 가운데 하나입니다. 다시 말해 양은 사물 그 자체가 아니라 사물의 속성을 뜻해요. 여기서 30cm는 길이라는 양이 30이라는 속성을 가지고 있다는 말입니다.

셀 수 있는 양의 예로는 사람 수, 연필 개수, 지폐 장수, 동물 수 등이 있습니다. 이를 이산량이라고 합니다. 사람 수를 0명, 1명, 2명으로 나타내듯이, 이산량의 크기는 0과 자연수로 나타낼 수 있어요.

반면 측정할 수 있는 양은 길이, 넓이, 부피, 무게 말고도 면적, 밀도, 속도, 가속도, 온도, 에너지, 농도, 시간, 힘, 운동량, 이율, 인구 밀도, 진동수 등이 있습니다. 이렇게 측정할 수 있는 양을 연속량이라고 합니다. 만약 여러분 앞에 물 2L, 주스 $\frac{3}{5}$L, 우유 $\frac{4}{5}$ L가 있다면, 이때의 양은 부피가 되고 각 양의 크기는 2, $\frac{3}{5}$, $\frac{4}{5}$ 입니다. 크기는 실수로 나타낼 수 있어요.

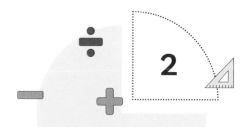

양에는 어떤 종류가 있을까

　지금부터 양을 특정한 성질을 가진 것끼리 묶어서 자세히 알아보겠습니다. 앞에서 말했듯이, 양은 크게 이산량과 연속량으로 구분할 수 있습니다. 단어가 낯설고 어렵게 느껴지겠지만, 한자의 뜻을 이해하면 좀 더 쉽게 다가올 거예요.

　이산량은 한자로 離散量입니다. 離는 떼어놓을 리(이), 散은 흩을 산, 量은 헤아릴 량(양)으로, 헤어져 흩어지는 수량을 뜻합니다. 연속량은 한자로 連續量입니다. 連은 계속되다 연, 續은 이어지다 속, 量은 헤아릴 량으로, 계속적으로 이어지는 수량을 뜻하죠. 쉽게 말해 이산량은 연속적이지 않은 하나하나 떨어져 있는 양, 연속량은 이어져 있는 한 덩어리의 양입니다.

연속적이지 않은 것과 연속적인 것은 어떤 차이가 있을까요?
연속적이지 않은 것은 '몇 개'인지를 나타내는 개수를 뜻합니다.
연속적인 것은 '얼마'인지 말할 때의 양을 뜻하고요. 연속적이지
않은 이산량은 셀 수 있다는 특징이 있고, 정수로 나타낼 수 있습
니다. 이에 비해 연속량을 나타내려면 모든 수를 표현할 수 있는
실수가 필요해요. 실수에는 유한소수나 분수로 나타낼 수 있는 유

	이산량	연속량
정의	흩어지고 분리된 양	계속 이어지는 연속적인 양
의미	'몇 개(How many, a few)'인지 나타내는 개수	'얼마(How much, a little)'인지 말할 때의 양
특징	셀 수 있다.	비교와 측정 등을 통해 대상의 성질을 이해 할 수 있는 속성을 지닌다.
수	자연수 또는 정수	실수
예시	사람 1명, 2명 말 1마리, 2마리 집 1채, 2채 자동차 1대, 2대	길이 100cm, 1m, 0.001km 질량 1000g, 1kg 부피 1000ml, 1L 넓이 1000000m^2, 1km^2

리수와 무리수가 있습니다.

연속량은 다시 외연량과 내포량으로 구분할 수 있습니다. 외연량은 한자로 外延量입니다. 外는 바깥 외, 延는 끌다, 이끌다 연, 量은 헤아릴 량입니다. 겉으로 크기를 잴 수 있는 양이죠. 도량형으로 측정할 수 있는 양은 모두 외연량이라고 할 수 있어요.

외연량에는 길이, 넓이, 부피, 무게, 시간, 들이, 각도 등이 있습니다. 어떤 연속량이 외연량인지 알 수 있는 방법 가운데 한 가지는 덧셈이 성립하는지 확인해 보는 거예요. 외연량은 사물의 겉모습 크기에 달려 있으므로 같은 종류의 양이 가진 크기끼리 더하면 양의 전체 크기가 늘어납니다. 예를 들어 쌀알 3g에 16g을 합하면 19g이 되고, 물 3L와 5L를 합하면 8L가 되니까 질량과 부피는 외연량입니다. 100m²의 땅과 300m²의 땅을 합하면 400m²가 되므로 덧셈이 성립합니다. 따라서 넓이도 외연량이에요. 그러나 섭씨 30도의 물과 섭씨 70도의 물을 섞으면 30과 70을 더한 섭씨 100도가 아니라 30도와 70도의 사잇값이 됩니다. 물의 온도는 덧셈이 성립하지 않으므로 외연량이 아니에요. 외연량은 고대 이집트와 바빌로니아에서 그 이전 시기부터 사용한 것으로 추측됩니다.

내포량은 한자로 內包量입니다. 內는 안 내, 包는 싸다, 꾸러

미 포, 量은 헤아릴 량입니다. 사물이 안에 품고 있는 성질의 크기, 즉 사물이 가진 속성의 크기를 뜻해요. 외연량이 직접 세거나 측정을 통해서 얻는 양이라면, 내포량은 대부분 두 외연량 사이의 관계를 양으로 나타낸 것입니다.

내포량의 예로는 밀도(질량/부피), 속도(거리/시간), 축척(지도상의 거리/실제 거리), 농도(용질의 양/용액의 양), 이율(이자/원금) 등이 있어요. 내포량은 덧셈이 성립하지 않습니다. 앞서 예로 들었듯이, 섭씨 20도의 물과 섭씨 100도의 물을 섞는다고 해서 섭씨 120도가 되지 않으니 온도는 내포량입니다. 자동차를 운전할 때, 한 시간에 80km로 달리는 속도와 한 시간에 60km로 달리는 속도를 더한다 해도 1시간에 140km가 되진 않죠. 따라서 속도도 내포량입니다. 내포량은 13세기경 유럽에서 만든 것으로 알려져 있어요. 그래서 온도를 수치로 나타낼 수 있었던 시기는 13세기 이후입니다.

연속량의 하나인 내포량은 외연량÷외연량으로 구합니다. 내포량은 두 외연량이 같은 종류인지, 다른 종류인지에 따라 서로 구분할 수 있어요. 두 외연량이 다르면 도度, 두 외연량이 같으면 율率이 됩니다.

밀도는 단위 부피당 분포된 질량을 뜻하는데, 부피와 질량이라는 두 외연량의 종류가 다르기 때문에 도에 해당해요. 도는 대개 어떤 그릇 안에 내용물이 들어 있을 때, 혼잡한 정도를 말합니다. 대표적인 예로 밀도, 속도, 온도가 있어요.

반면 율은 같은 종류의 두 가지 양을 비교해 나온 비율로 정해집니다. 율의 대표적인 예로 확률, 이율, 농도가 있습니다. 이 가운데 확률은 어떤 사건이 일어날 경우의 수를 그 사건과 관련하여 일어날 수 있는 모든 경우의 수로 나눈 거예요. 이율은 돈으로 돈을 나눈 것이고요. 확률은 두 외연량이 모두 사건이고, 이율은 모두 돈이기 때문에 율에 해당합니다. 확률이나 이율은 단어 자체에 율이 붙어 있습니다. 농도는 도라는 이름이 붙지만 율입니다. 농도는 몇 g 속에 몇 g이 녹아 있는가를 나타내는 것처럼 어떤 물질의 성분이 얼마나 녹아 있는지를 나타내기 때문이에요.

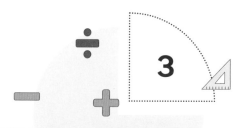

세기 위한 수와 측정을 위한 수의
차이는 무엇일까

1장과 2장에서 수를 세고 기록하는 과정을 살펴보았습니다. 3장에서는 측정을 시작하고 현재의 단위계가 어떻게 만들어졌는지 그 과정을 알아보았죠. 그럼 수를 세는 데는 어떤 수가 필요하고, 측정하는 데는 어떤 수가 필요할까요?

우리가 세기 위해 사용하는 수는 자연수예요. 자연수는 1씩 간격을 두고 있어 연속적이지 않기 때문에 이산량에 속합니다. 우리가 일정한 도구를 가지고 측정할 때는 보통 유리수를 사용합니다. 유리수는 각 수마다 일정한 간격이 없기 때문에 연속량입니다. 유리수는 분수와 소수로 표현할 수 있습니다. 이때 사용하는 소수를 좀 더 정확하게 말하면, 유한소수와 순환소수입니다. 순환하지 않

는 무한소수는 무리수에 속합니다.

지금부터 수를 세기 위해 필요한 자연수, 측정하기 위해 필요한 분수와 소수를 자세히 알아보겠습니다.

자연수

어떤 대상에 대해 수를 세거나 순서를 매길 때 1, 2, 3, ……을 사용합니다. 이러한 수를 자연수라고 해요. 양 13마리, 나뭇가지 9개, 사람 35명, 5번째 염소, 앞에서 6번째 사람, 왼쪽에서 7번째 조약돌 등에 사용되는 수는 모두 자연수예요. 자연수는 무언가를 세거나 헤아리려고 만든 수입니다.

자연수는 측정값을 나타낼 때도 사용합니다. 5cm, 5g, 5L, 5시간에서 5는 세어서 나타낸 것이 아닌 측정해서 나타낸 수예요. 자연수는 주로 세거나 순서를 매길 때 사용하지만, 이와 같이 측정 단위 앞에도 쓸 수 있습니다.

정리하자면, 자연수는 주로 다음과 같은 상황에 사용합니다.

첫째, 양이나 개수를 나타낼 때 사용해요. 하나, 둘, 셋, 넷, ……으로 부릅니다.

둘째, 순서를 매길 때 사용해요. 첫째, 둘째, 셋째, 넷째, …… 라고 부릅니다.

셋째, 어떤 명칭을 수로 대신할 때 사용해요. 이때 사용하는 자연수는 기호의 역할을 하므로 명명수라고도 부릅니다. 주민등록번호, 전화번호, 축구선수의 등 번호 등이 있어요.

분수와 소수

측정한다는 것은 기준이 되는 양을 정한 다음, 헤아리고 싶은 양이 기준이 되는 양의 몇 배에 해당하는가를 보는 것입니다. 이때 양은 수와 단위로 표현해요. 단위는 길이, 무게, 넓이 등을 수치로 나타낼 때 쓰이는 기준이고, 측정과 측량을 할 때 사용하는 수치는 연속량입니다. 길이, 넓이, 부피 등은 1개, 2개로 셀 수 없고, 연속적인 성질을 나타내기 때문이죠. 이 수치는 유리수로 표현할 수 있습니다. 유리수는 분수와 소수(유한소수, 순환소수)로 나타낼 수 있고요.

측정을 기초로 한 분수와 소수를 살펴볼까요? 분수는 물건을 나누는 과정에서 각자가 받는 몫을 자연수로 나타낼 수 없는 경우에 사용합니다. 즉 분수는 자연수로 나타낼 수 없는 몫을 하나의 수로 표현한 거예요.

분수는 $\frac{분자}{분모}$로 나타냅니다. 분모는 전체를 몇 등분했는지를 알려 주고, 분자는 등분한 부분이 몇 개 있는지를 나타내요. 예를 들어 분수 $\frac{2}{3}$에서 분모 3은 전체를 3등분했다는 뜻입니다. 분자 2는 등분한 것이 2개라는 것을 나타내고요. 따라서 $\frac{2}{3}$는 전체를 3등분한 것 가운데 2개를 뜻합니다.

분수는 기원전 2000년경 인류가 모여 살면서 공동으로 얻은 소득을 똑같이 나누는 과정에서 사용했어요. '7개의 빵을 8명에게 나누어 줄 때 한 사람이 받는 몫은 얼마인가?'라는 문제를 해결해야 할 때, 고대 이집트인은 $\frac{1}{2}+\frac{1}{4}+\frac{1}{8}$과 같은 단위 분수의 합으로 나타낸 분수를 사용했죠. 그들이 해결한 방법은 다음과 같습니다.

$\frac{7}{8}$에서 8의 약수는 1, 2, 4, 8입니다. 8의 약수 가운데 더해서 7이 되는 것은 1, 2, 4가 있죠. 따라서 $\frac{7}{8}=\frac{1}{8}+\frac{2}{8}+\frac{4}{8}=\frac{1}{8}+\frac{1}{4}+\frac{1}{2}=\frac{1}{2}+\frac{1}{4}+\frac{1}{8}$이 돼요.

분수는 어떤 양을 측정하는 과정에서 활용되었습니다. 양은 연속적이라서 딱 나누어 떨어지지 않는 경우가 많기 때문에 측정의 수단으로 분수를 사용했어요. 예를 들어 길이, 면적, 부피 같은 크기를 측정하려고 하는데, 기본 단위의 몇 배로 깔끔하게 떨어지지 않는다면 자연수만으로는 측정할 수 없겠죠. 이럴 때는 크기를 기존 단위보다 더 작게 나눈 뒤, 나눈 부분을 기본 단위로 놓고 측정해 그 결과를 더 자세하게 나타냈어요. 이때 측정의 결과로 분수를 사용했습니다.

분수는 상인이나 무역업자들이 자유롭게 사용했어요. 그리스의 수학자들은 1이라는 단위를 더 이상 쪼갤 수 없는 신성한 수로 여겨서 분수를 수나 양 사이의 비로만 생각했지만 말입니다.

측정할 때 자연수와 분수가 사용되긴 하지만, 더 흔하게 사용하는 수는 소수입니다. 소수는 어떤 양을 세분화해 정확한 값을 얻는 과정에서 생겼어요. 소수는 영어로 데시멀^{decimal}로, 10진법

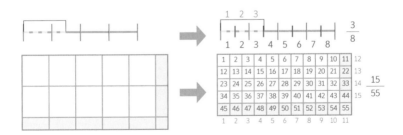

의라는 뜻도 가지고 있어요. 소수로 측정할 때 10씩 묶는 10진법이 활용됩니다.

10진법은 묶음 단위가 10이며, 10씩 커지는 진법입니다. 그런데 소수는 이 생각과 반대로 $\frac{1}{10}$, $\frac{1}{100}$, ……씩 줄어든다고 생각하고 표현한 수예요. 소수는 0, 1, 2, 3, ……, 8, 9를 이용해 모든 수를 표현할 수 있도록 해 줍니다. 이러한 아이디어를 구상한 사람이 앞에서 말한 수와 크기를 양으로 합치려고 했던 시몬 스테빈입니다. 스테빈 덕분에 모든 크기를 수로 나타낼 수 있게 되었는데, 소수를 나타내는 원리는 다음과 같아요.

어떤 양을 측정할 때 1단위를 10등분해 얻은 $\frac{1}{10}$단위가 몇 개 포함되었는지 헤아려 소수 첫째 자리에 나타내고, 다음으로 $\frac{1}{10}$단위를 다시 10등분해 얻은 $\frac{1}{100}$단위가 몇 개 포함되었는지 헤아려 소수 둘째 자리에 나타냅니다. $\frac{1}{100}$단위를 10등분해 나타내는 과정을 계속해 나갈수록 보다 정확한 값을 얻을 수 있어요.

예를 들어 0.75는 1을 10등분한 것 7개와 100등분한 것 5개를 합한 크기를 나타냅니다. 따라서 $0.75=7\times\frac{1}{10}+5\times\frac{1}{100}=7\times$ 0.1+5×0.01로 나타낼 수 있어요. 또한 0.75는 100등분한 것의 75개를 나타내기도 해요. $\frac{1}{100}$단위가 75번 포함된다는 것과 같으므로 $0.75=\frac{75}{100}$가 됩니다.

이번 장에서는 양에 대한 개념, 세기 위한 수와 측정을 위한 수에는 어떤 것이 있는지 알아보았습니다. 양이라는 개념은 하루 아침에 뚝딱 생겨난 것이 아닙니다. 다양한 종류의 단위를 만들어 내고, 양이란 무엇인가에 대한 관점이 달라지는 과정에서 체계적으로 정립한 개념이에요. 고대 그리스 시대에는 수와 크기로 구분하고 양을 측정과 관련이 없다고 바라보았습니다. 그런데 근대에 들어와 스테빈은 수와 양을 하나의 양으로 통합하고, 측정할 수 있는 것이라고 생각했죠.

현재 우리가 다루는 양은 세거나 측정할 수 있는 대상의 속성으로, 그 값을 수와 단위로 표현해요. $\frac{1}{3}$m, 0.75kg, 2L를 보면 단위를 통해 길이, 질량, 부피를 측정했다는 것을 알 수 있죠. 단위 앞에 있는 수는 단위의 몇 배를 가리키는지 나타내는 수입니다. 측정할 수 있는 수는 자연수, 분수, 소수로 표현할 수 있습니다. 특히 측정할 때 사용하는 자연수는 분수와 소수의 일부분이라고 생각하면 돼요. 예를 들어 2는 $\frac{2}{1}$, 2.0으로 나타낼 수 있어요.

자연수는 이산량에 해당하고, 측정할 수 있는 분수와 소수는 연속량에 해당합니다. 이때 연속량에 붙는 단위도 오랜 시간 시행착오를 거쳐 지금에 이르렀어요.

수와 단위가 없다면 친구와 정확한 약속 시간을 정할 수 없고,

휴대전화의 배터리 용량을 알기 어려울 거예요. 아플 때 약 처방도 제대로 받기 힘들겠죠. 우리가 사용하는 수와 단위는 이제 없어서는 안 될 정도로 생활 곳곳에 스며들어 있습니다. 수, 양, 단위, 측정 등에 해당하는 개념을 이론적으로만 학습할 것이 아니라, 지금까지 알아본 것처럼 어떤 배경에서 시작돼 어떤 과정을 거쳐 지금의 개념으로 자리 잡았는지 살펴보면 더욱 깊이 있게 이해할 수 있을 거예요.

1. 다음은 양을 구분한 것이다. 양을 구분하는 기준을 간단히 적어 보자.

이산량과 연속량의 구분 기준	
외연량과 내포량의 구분 기준	
도와 율의 구분 기준	

2. 보기에서 이산량과 연속량을 찾아 보자.

〈보기〉

> 미국 남동부 지역에서 2등급 규모의 허리케인이 상륙하여 현재 시속 158km
> 가 넘는 바람이 불고 있습니다. 강수량도 1m가 넘으면서 많은 피해가 잇따르
> 고 있습니다. 나무는 뿌리째 뽑혀 나뒹굴고, 수많은 주택과 차량은 물에 둥
> 둥 떠 있는 듯이 보입니다. 현재까지 20만 가구 이상이 정전 피해를 보고 있
> 습니다.

3. 자연수는 주로 언제 사용하는지 적어 보자.

- 사과 3개, 양 5마리, 연필 7자루 등 사물의 개수를 나타낼 때 사용한다.

-

-

⇨해설은 책 뒤에 있습니다.

참고 자료

강지형 외 6인, 《초등수학교육》, 동명사, 1999.

강흥규·고정화, 〈양의 측정을 통한 자연수와 분수 지도의 교수학적 의의〉, 대한수학교육학회지 학교수학 제5권 제3호, 2003.

고정화, 〈자연수 개념의 역사에 관한 분석적 고찰〉, 한국수학사학회지 제18권 제2호, p.9-22, 2005.

그레이엄 도널드 지음, 이재경 옮김, 《세상을 측정하는 위대한 단위들》, 반니, 2017.

김근수, 《코스모스, 사피엔스, 문명》, 전파과학사, 2017.

김경아, 《양의 측정을 통한 측정수 개념 지도 방안 - 1학년 '비교하기' 단원을 중심으로》, 한국교원대학교 석사학위논문, 2020.

김명운, 〈내포량의 평균 공식과 조작적 학습법〉, 한국수학사학회지 제23권 제3호 p.121-140, 2012.

김산해, 《최초의 역사 수메르》, 휴머니스트, 2021.

김선민, 《기수법의 이론적 기초 연구》, 수원대학교 석사학위논문, 2012.

김성숙, 〈역사적 관점으로 본 메소포타미아 수학〉, 한국수학사학회지 제18권 제4호 p.39-48, 2005.

김유미·박소영, 《빅히스토리10: 최초의 인간은 누구일까?》, 와이스쿨, 2008.

김일선, 《단위로 읽는 세상》, 김영사, 2018.

김진우, 〈중국 고대 도량형과 수량사의 변화과정〉, 한국목간학회 제24호 p.131-156, 2020.

김흥구, 《수학교실에서 양감육성을 위한 지도 방안의 연구》, 인천교육대학교 석사학위논문, 1999.

도야마 히라쿠 지음, 박미정 옮김, 《수학 공부법》, 에이케이커뮤니케이션즈, 2016.

데이비드 크리스천·밥 베인 지음, 조지형 옮김, 《빅 히스토리》, 해나무, 2018.

로런스 M. 프린시프 지음, 노태복 옮김, 《과학혁명》, 교유서가, 2017.

로버트 P. 크리스 지음, 노승영 옮김, 《측정의 역사》, 에이도스, 2015.

루이스 다트넬 지음, 이충호 옮김, 《오리진》, 흐름출판, 2018.

모리스 클라인 지음, 심재관 옮김, 《수학사상사I》, 경문사, 2016.

미야자키 마사카츠 지음, 김진연 옮김, 《처음부터 다시 읽는 친절한 세계사》, 제3의 공간, 2017.

민영진, 《수학사를 활용한 기수법의 도입》, 부산대학교 석사학위논문, 2010.

박영훈, 《수학은 짝짓기에서 탄생하였다》, 가갸날, 2017.

박성일, 《역사와 함께 푸는 창의수학》, 생각너머, 2013.

변지민, 《세계사톡 1: 고대 세계의 탄생》, 위즈덤하우스, 2018.

사이토 가쓰히로 지음, 조민정 옮김, 《단위·기호 사전》, 그린북, 2020.

사쿠라이 스스무 지음, 조미량 옮김, 《재밌어서 밤새읽는 수학 이야기》, 더숲, 2013.

산업통상자원부 국가기술표준원, 《재미있는 단위이야기》, 진한엠앤비, 2014.

송혜영, 《진법에 대한 역사적 고찰과 활용》, 영남대학교 석사학위논문, 2012.

스테판 바위스만 지음, 강희진 옮김, 《수학이 만만해지는 책》, 웅진 지식하우스, 2021.

신시아 브라운 지음, 이근영 옮김, 《세상이 궁금할 때 빅 히스토리》, 해나무, 2020.

요시다 요이치 지음, 정구영 옮김, 《0의 발견》, 사이언스북스, 2003.

우정호, 《학교 수학의 교육적 기초》, 서울대학교출판부, 2005.

유발 하라리 지음, 조현욱 옮김, 《사피엔스》, 김영사, 2015.

이광연, 《수학, 세계사를 만나다》, 투비북스, 2017.

이광연, 《한국사에서 수학을 보다》, 위즈덤하우스, 2020.

EBS 〈문명과 수학〉 제작팀, 《문명과 수학》, 민음인, 2014.

이승은, 《초등 수학 교육에서 양 개념의 이해 – 대상, 분수, 단위의 결합표기가 나타내는 양을 중심으로》, 경인교육대학교 박사학위논문, 2020.

장경윤, 강문봉, 박경미, 《간추린 수학사》, 신한출판미디어, 2020.

정기문, 《처음부터 다시 배우는 서양고대사》, 책과함께, 2021.

정은실, 〈초등학교 수학교과서에서의 양의 계산에 대한 연구〉, 대한수학교육학회지 수학교육학연구 제20권 제4호, 2010.

조르주 이프라 지음, 김병욱 옮김, 《신비로운 수의 역사》, 예하, 1990.

조르주 이프라 지음, 김병욱 옮김, 《숫자의 탄생》, 부키, 2011.

조엘 레비 지음, 오혜정 옮김, 《BIG QUESTIONS 수학》, 지브레인, 2019.

조지프 마주르 지음, 권혜승 옮김, 《수학기호의 역사》, 반니, 2017.

주동주, 《수메르 문명과 역사》, 범우, 2018.

최영기, 《이토록 아름다운 수학이라면》, 21세기북스, 2019.

최영기, 《이런 수학은 처음이야 2》, 21세기북스, 2021.

칼렘 에버레트 지음, 김수진 옮김, 《숫자는 어떻게 인류를 변화시켰을까?》, 동아엠앤비, 2021.

칼 B. 보이어 지음, 양영오 외 옮김, 《수학의 역사 (상)》, 경문사, 2000.

콜린 베버리지 지음, 김종명 옮김, 《한 권으로 이해하는 수학의 세계》, 북스힐, 2009.

크리스토퍼 조지프 지음, 고현석 옮김, 《측정의 과학》, 21세기북스, 2022.

킴벌리 아르캉 · 메번 바츠케 지음, 김성훈 옮김, 《단위, 세상을 보는 13가지 방법》, 다른, 2018.

토비아스 단치히 지음. 심재관 옮김, 《수(數)의 황홀한 역사》, 지식의숲, 2016.

톰 잭슨 지음, 김민정 옮김, 《수학》, 원더북스, 2018.

한국표준과학연구원, 《단위 이야기: 단위를 알면 세상이 보인다》, 2014.

한국표준과학연구원, 《국제단위계 제9판》, 2020.

함규진, 《조약으로 보는 세계사 강의》, 미래의 창, 2017.

호시다 타다히코 지음, 허강 옮김, 《별걸 다 재는 단위 이야기》, 어바웃어북, 2014.

1장 수의 탄생과 발전

1. 일상생활에서 겪었던 일들을 떠올리고, 무엇을 비교한 건지 생각해 봅니다.
   - 아빠와 달리기 시합을 했는데 내가 더 빨랐습니다. 이것은 속도를 비교한 것입니다.
   - 지난 수학 시험과 이번 수학 시험 점수를 비교해 보았더니 5점이 더 올랐습니다. 이것은 점수를 비교한 것입니다.

2. 1) 약 3만 년 전후로 인류가 남긴 대표적인 수 세기 유적
   - 약 3만 7000~5000년 전 유물로 추정된 레봄보 뼈가 있어요. 이 뼈는 남아프리카공화국과 스와질란드의 국경을 가로지르는 레봄보산맥에 있는 동굴에서 발견된 개코원숭이의 종아리뼈입니다. 여기에는 29개의 눈금이 새겨져 있어요.
   - 약 2만 년 전 유물로 추정된 이상고 뼈가 있습니다. 이 뼈는 개코원숭이의 종아리뼈로, 비교적 규칙적인 간격을 가진 수많은 눈금이 새겨져 있어요. 뼈의 가운데에는 차례대로 3, 6, 4, 8, 10, 5, 5, 7의 눈금이 새겨져 있습니다. 오른쪽에는 11(=10+1), 21(=20+1), 19(=20−1), 9(=10−1)를 나타내는 눈금이 새겨져 있고, 왼쪽에는 11, 13, 17, 19가 새겨져 있어요.

   2) 일상생활에서 일대일 대응을 이용한 수 세기가 적용된 예
   어릴 때 선생님이나 부모님이 무언가를 잘했을 때마다 칭찬 스티커를 한 장씩 붙여준 것, 선생님이 아이들을 한 줄로 세워 놓고 한 명씩 수를 세는

것, 오늘의 할 일을 적어 놓고 실행할 때마다 하나씩 체크하는 것 등이 있습니다.

3.

인류가 수를 세기 위해 사용했던 도구에는 무엇이 있을까?	원시 시대 인류가 수를 셀 때 사용한 도구는 주로 자연에서 얻은 것이었습니다. 대표적으로 나무 조각, 돌, 구슬, 조개껍질, 상아, 코코넛 열매 등을 사용했어요. 이 외에도 동물 뼈를 이용하거나 손가락과 발가락 등 몸의 일부를 사용했습니다. 나무 속껍질을 꼬아 만든 것으로 추정된 끈으로 매듭을 지어 수를 세기도 했고요.
인류가 수를 세기 위해 사용했던 방법에는 무엇이 있을까?	뼈, 돌, 나무 조각 등에 눈금을 새겼어요. 또는 조약돌이나 막대기를 배열해 세거나 끈에 매듭을 묶는 방법을 사용했고요. 손가락이나 발가락 등에 하나씩 수를 대응시켜 세기도 했습니다.
수 세기의 한계는 무엇이었을까?	돌멩이나 나뭇가지를 모아 수를 세고 표현하는 방법은 재료 자체가 흔해서 주변에 있는 사물들과 구별하기가 어려웠고, 오랫동안 보관하기도 힘들었어요. 끈에 매듭을 묶거나 뼈에 눈금을 새기는 방법은 면적이 제한되어 있어서 많은 수를 세는 데 걸림돌이 되었고요. 수 세기를 할 때마다 끈이나 뼈를 가지고 다니기도 불편했습니다.
나라면 수 세기의 한계를 극복하기 위해 어떤 아이디어를 냈을까?	여러분이 그 상황에 처했다면 어떤 생각을 했을까요. 이 문제를 해결하기 위한 아이디어를 생각해 봅니다. 당시 인류는 점점 범위가 큰 수를 이해하고 익히는 방법을 터득했지만 새로운 문제에 부딪혔어요. '지금 표현하기 힘든 큰 수를 어떻게 세고 기억할 수 있을까?' 하는 문제입니다. 인류는 점차 세어야 하는 수가 커지면서 기억의 한계를 느껴 기록으로 남기자는 생각을 하게 되었어요.

2장 수를 표기하고 기록하다

1. 2)~4)는 예시일 뿐이며, 방법과 답은 다양합니다.

1) 60개

2) 묶어서 세었으며, 4개씩 묶었습니다.

3) 묶어서 세어야 빨리 셀 수 있기 때문입니다. 4개씩 묶으면 묶음으로 세는 데도 부담이 덜하고, 하나씩 셀 때보다 효율적으로 셀 수 있습니다.

4) 2진법: 컴퓨터에 활용되고 있습니다. 컴퓨터는 의미를 구분할 수 있는 최소 단위가 on과 off입니다. 이때 off는 0으로, on은 1로 입력되어 0과 1의 2진법이 사용됩니다.

10진법: 우리가 지금 사용하고 있는 인도-아라비아 수 체계에는 10진법이 적용되었습니다.

2. 아래는 예시일 뿐이며, 방법과 답은 다양합니다.

1) 기본수를 5로 정합니다.

2) 보기를 참고해 각자의 방법으로 만들어 봅니다.

3) 덧셈 원리로 수를 표현하는 가법적 기수법으로 정합니다.

4) 보기를 참고해 각자의 방법으로 일기를 써 봅니다.

3장 양을 측정하다

1. 몸 길이는 사람마다 다르기 때문에 같은 대상이나 물건의 길이나 양을 잴 때 오차가 클 수밖에 없습니다. 또한 곡식이나 열매는 계절과 지역에 따라 재배 환경이 달라져서 크기나 무게도 달라질 수 있습니다. 더욱이 같은 나라에서 재배한 곡식이더라도 재배한 사람마다, 지역마다, 시기마다 측정 수치가 제각각일 수 있습니다.

2. 첫째, 측정 도구는 주변에서 쉽게 구할 수 있는 재료여야 하고, 크기나 무게 등이 일정해야 합니다. 만약 쌀알을 기본 단위로 사용한다면 같은 시기와 장소에서 재배했더라도 각각의 크기와 무게가 조금씩 다릅니다. 이

러한 경우 쌀알의 평균 크기와 무게를 정해야 합니다.

둘째, 측정 도구는 오랜 시간이 지나도 변질되지 않아야 합니다.

셋째, 측정 도구는 사용하기에 적절한 크기여야 합니다. 1000cm 길이를 재는 데 기본 단위가 1cm 길이인 재료보다 10cm나 100cm의 길이가 적당하듯이 사용하려는 규모에 맞는 길이를 가진 재료를 선정해야 합니다.

넷째, 단위를 사용하는 사람들이 신뢰할 수 있어야 합니다.

3. ① 르네상스 ② 측정 ③ 과학 아카데미 ④ 프랑스 대혁명 ⑤ 미터 ⑥ 길이 단위 ⑦ 자연 ⑧ 지구 ⑨ 국제단위계 ⑩ 길이(m), ⑪ 질량(kg), ⑫ 시간(s), ⑬ 광도(cd), ⑭ 열역학 온도(K), ⑮ 전류(A), ⑯ 물질량(mol)

4장 양을 구분하다

1.

이산량과 연속량의 구분 기준	이산량은 셀 수 있는 수로, 대표적으로 정수가 있습니다. 연속량은 계속 이어지는 연속적인 양으로, 대표적으로 실수가 있습니다.
외연량과 내포량의 구분 기준	외연량은 길이, 넓이, 무게, 부피 등 주로 사물의 크기를 나타냅니다. 내포량은 속력, 농도와 같이 성질을 나타내고요. 외연량을 계산할 때는 덧셈과 뺄셈이 사용됩니다. 반면 내포량은 외연량의 곱셈, 나눗셈이 사용됩니다.
도와 율의 구분 기준	도는 다른 종류의 외연량을 비교한 것으로, 밀도, 속도, 온도 등이 있습니다. 반면 율은 같은 종류의 외연량을 비교해 나온 비율로 정해집니다. 대표적인 예로 확률, 이율, 농도가 있습니다.

2. · 이산량: 2등급, 20만
   · 연속량: 시속 158km(158km/h), 1m

3. · 사과 3개, 양 5마리, 연필 7자루 등 사물의 개수를 나타낼 때 사용합니다.
   · 등수와 같이 순서를 매길 때 사용합니다.
   · 통장 계좌 번호, 휴대전화 번호, 운동선수의 등 번호와 같이 어떤 명칭을 수로 대신할 때 사용합니다.
   · 이 외에도 3m, 5kg 등 측정 단위 앞에 사용할 수 있습니다.

불편을 편리로 바꾼 수와 측정의 역사

우리가 수를 셀 수 없었다면?

1판 1쇄 발행 | 2023년 7월 25일
1판 2쇄 발행 | 2024년 8월 16일

지은이 | 권윤정

펴낸이 | 박남주
편집자 | 박지연
디자인 | 남희정
펴낸곳 | 플루토

출판등록 | 2014년 9월 11일 제2014-61호
주소 | 07803 서울특별시 강서구 마곡동 797 에이스타워마곡 1204호
전화 | 070-4234-5134
팩스 | 0303-3441-5134
전자우편 | theplutobooker@gmail.com

ISBN 979-11-88569-51-9 43410

- 책값은 뒤표지에 있습니다.
- 잘못된 책은 구입하신 곳에서 교환해드립니다.
- 이 책 내용의 전부 또는 일부를 재사용하려면 반드시 저작권자와 플루토
  양측의 동의를 받아야 합니다.
- 이 책에 실린 사진 중 저작권자를 찾지 못하여 허락을 받지 못한 사진에 대해서는
  저작권자가 확인되는 대로 통상의 기준에 따라 사용료를 지불하도록 하겠습니다.